国家科技基础条件资源发展报告

（2016）

国家科技基础条件平台中心　著

·北京·

图书在版编目（CIP）数据

国家科技基础条件资源发展报告.2016 / 国家科技基础条件平台中心著. —北京：科学技术文献出版社，2017.6
ISBN 978-7-5189-3006-7

Ⅰ.①国… Ⅱ.①国… Ⅲ.①科学研究事业—资源调查—研究报告—中国—2016 Ⅳ.①G322

中国版本图书馆CIP数据核字（2017）第144080号

国家科技基础条件资源发展报告（2016）

策划编辑：周国臻　责任编辑：周国臻　特约编辑：张丽艳　责任校对：张吲哚　责任出版：张志平

出　版　者	科学技术文献出版社
地　　　址	北京市复兴路15号　邮编 100038
编　务　部	（010）58882938，58882087（传真）
发　行　部	（010）58882868，58882874（传真）
邮　购　部	（010）58882873
官方网址	www.stdp.com.cn
发　行　者	科学技术文献出版社发行　全国各地新华书店经销
印　刷　者	北京地大彩印有限公司
版　　　次	2017年6月第1版　2017年6月第1次印刷
开　　　本	787×1092　1/16
字　　　数	116千
印　　　张	9
书　　　号	ISBN 978-7-5189-3006-7
定　　　价	88.00元

版权所有　违法必究

购买本社图书，凡字迹不清、缺页、倒页、脱页者，本社发行部负责调换

国家科技基础条件资源发展报告（2016）

编 委 会

主　任　　叶玉江　包献华

副主任　　周文能　苏　靖　李加洪　王瑞丹

协调人　　陈文君　赫运涛

执笔人（以姓氏笔画为序）

　　　　　　王　祎　王　晋　王　超　石　蕾

　　　　　　卢　凡　吕永波　许东惠　陈志辉

　　　　　　范治成　周琼琼　赵　伟　相朋超

　　　　　　徐振国　高鲁鹏　程　苹　赫运涛

序

党的十八大提出实施创新驱动发展战略,强调科技创新是提高社会生产力和综合国力的战略支撑,必须摆在国家发展全局的核心位置。习近平总书记指出,科技是国之利器。中国要强,必须有强大科技。科技创新正成为重塑世界格局、创造人类未来的主导力量。

工欲善其事,必先利其器。科技基础条件资源是支撑科技进步和创新的重要物质和信息基础,是提升国家科技竞争力的关键因素之一,其创新往往也孕育着前沿基础研究的重大突破。从20世纪初至今,大约1/4的诺贝尔物理学奖和化学奖都是科学仪器和测试方法的创新。

为抢占新一轮科技创新制高点,世界各国纷纷把建设强大的科技基础条件作为重中之重。进入21世纪,尤其是"十一五"以来,随着综合国力和科技投入的快速增长,我国科技基础条件建设取得了长足进展,科研基础条件资源的规模和质量有了显著提升,部分领域进入国际先进行列,科技资源开放共享的机制日益完善,支撑服务能力不断增强。

为了系统全面地反映我国科技基础条件资源建设和利用现状,国家科技基础条件平台中心组织编写了《国家科技基础条

件资源发展报告》。报告系统描述了我国科技基础条件资源建设发展概况，梳理了大型科学仪器和装置、生物种质与实验材料、科学数据与信息等资源的规模、质量、共享与利用等现状，并开展了国际和地区之间的对比分析。报告数据翔实、案例丰富，对于优化科技资源配置、加强科技创新能力建设、引导和促进全社会科技资源开放共享等科技管理决策具有十分重要的意义。希望该报告能够给广大科技工作者以有益的启发和帮助。

黄卫

科学技术部副部长

2017 年 5 月 17 日

前　言

科研设施与仪器、科学数据与信息、生物种质与实验材料等科技基础条件资源是科技创新的物质基础，也是国家创新发展的战略资源。厘清国家科技基础条件资源概况，对于科学配置和高效利用科技资源、提高国家科技财政投入效率、加强国家科技创新能力建设具有重要意义。

科技部长期以来积极推动科技基础条件资源的建设和共享。2002年，科技部会同财政部、国家发展改革委、教育部和中科院等部门，开展了科技基础条件资源的整合共享工作，围绕研究实验基地和大型仪器设备、自然科技资源、科学数据、科技文献、网络科技环境、科技成果转化六大领域，建设一批科技基础条件平台。2008年，科技部会同财政部联合开展了科技基础条件资源调查工作，致力于摸清财政投入形成科技资源的底数。2014年以来，按照《国务院关于国家重大科研基础设施和大型科研仪器向社会开放的意见》部署，科技部组织各部门、地方积极推进科研设施和仪器的开放共享。在这个过程中，国家科技基础条件平台中心作为科技部直属的从事科技资源建设和共享的专业化机构，开展了大量的基础性管理和研究工作。

目前，我国还没有全面系统反映科技基础条件资源建设发展和共享利用的综合性报告。鉴于此，在科技部基础研究司的指导下，国家科技基础条件平台中心组织研究团队，基于长期的管理和研究工作基础，编写了《国家科技基础条件资源发展报告（2016）》（以下简称《发展报告》）。《发展报告》重点对2015年度国家科技基础条件资源调查数据进行了深入的梳理和挖掘，并全面收集了国内外在科研设施、科学仪器、科学数据、生物种质和实验材料等各类科技基础条件资源建设和共享方面的数据和案例。《发展报告》力求多层次、多角度、客观反映我国科技基础条件资源建设发展的总体情况，支撑国家科技管理的宏观决策，加强对全社会科技资源开放共享的宏观引导。

《发展报告》分为四章。第一章概述了科技基础条件资源的内涵与类型、作用与意义，以及我国科技基础条件资源建设发展的历程。第二章从投入渠道、规模与质量以及自主研发等方面，描述了我国科技基础条件资源的建设情况。第三章按资源类型、分层级地介绍了我国科技基础条件资源的共享利用情况。第四章概括性地阐述了我国科技基础条件资源建设面临的挑战及其发展展望。

本报告中描述的科技基础条件资源主要涵盖了目前高校院所及部分建有国家级科技创新基地的企业中财政投入形成的科技资源。受调查渠道范围所限，部分企业拥有的科技资源，特别是企业自行投入形成的科技基础条件资源没有被纳入本报告的调查范围。此外，由于国外科技基础条件资源的数据采集相

对较困难，许多国家没有相应的官方调查统计，编写组在报告中选取了国际组织发布的数据或研究梳理的典型案例来开展相关方面的国际对比分析。

准确反映我国科技基础条件资源的建设和利用现状，及时掌握发展变化趋势，是一项需要长期不懈努力的工作，我们希望通过《国家科技基础条件资源发展报告》的发布，使社会各界乃至全世界进一步了解我国科技基础条件资源的建设和发展，进一步营造强化科技基础条件资源建设、推动资源开放共享的社会氛围。我们将充分吸收社会各界的宝贵意见和建议，不断推进《国家科技基础条件资源发展报告》的完善。

本报告编写过程中得到了科技部基础研究司、财政部科教司的指导，同时也得到了中科院条件财务局、中科院物理所、中科院地质地球物理所及国家科技基础条件平台参建单位等有关单位和相关专家学者的大力支持，在此表示衷心感谢！

目 录

第一章 科技基础条件资源概述 ... 1

一、科技基础条件资源的内涵和类型 ... 2

（一）科研设施与仪器 ... 2

（二）科学数据与信息 ... 3

（三）生物种质与实验材料 ... 3

二、加强科技基础条件资源建设的作用与意义 ... 4

（一）科技基础条件资源是建设世界科技强国必备的物质技术基础 ... 4

（二）加强科技基础条件资源建设是从源头上增强自主创新能力的战略举措 ... 5

（三）加强科技基础条件资源建设是以科技创新带动全面创新的重要支撑 ... 5

（四）深化科技基础条件资源管理是科研管理向创新服务转变的重要抓手 ... 6

三、我国科技基础条件资源建设发展历程 ... 6

（一）新中国成立后至改革开放前，科技基础条件资源建设工作逐步探索 ... 6

（二）改革开放后，科研条件建设进一步加强，科技资源共享工作起步实施 ... 7

（三）"十一五"以来，科技基础条件资源保障体系不断
完善 ··· 9

（四）十八大以来，实施创新驱动发展战略推进科技创新
条件建设 ··· 10

第二章 我国科技基础条件资源的能力建设 ························· 13

一、科技基础条件资源能力建设形成多渠道、多层次的投入格局 ··· 14

（一）国家财政投入是科技基础条件资源能力建设的主要
资金来源 ··· 14

（二）重大专项等主体科技计划、重大科教工程、科研基地
建设是科技基础条件资源能力建设的主要支持渠道 ··· 19

（三）地方财政以及社会投入是科技基础条件资源能力
建设的重要补充 ·· 23

二、科技基础条件资源规模与质量水平持续提升 ······················ 25

（一）重大科研基础设施建设成效显著 ···························· 25

（二）大型科研仪器建设水平不断提升 ···························· 34

（三）科学数据总体规模大幅增长 ··································· 41

（四）生物种质和实验材料的资源保障能力显著提升 ········· 44

三、科技基础条件资源自主研发能力不断提高 ·························· 53

（一）科研设施和仪器领域的自主研发能力明显增强 ········· 53

（二）实验动物、科研用试剂等实验材料的研发取得
一系列重要成果 ·· 57

第三章 我国科技基础条件资源共享利用 ································· 61

一、落实国发70号文，大力推动科研设施与仪器开放共享 ······ 62

（一）建设科研设施与仪器国家网络管理平台 ………… 62
　　（二）深化科技基础条件资源调查和大型科研仪器设备
　　　　　购置查重评议 …………………………………………… 64
　　（三）重大科研基础设施服务共享利用成效显著 ………… 66
　　（四）大型科研仪器开放共享取得积极进展 ……………… 72
二、以科技基础条件平台为重要载体推进科学数据和生物种质等
　　资源共享 …………………………………………………………… 76
　　（一）跨部门集成科学数据和生物种质等科技资源 ……… 76
　　（二）科学数据资源共享服务能力逐步增强 ……………… 81
　　（三）生物种质资源保藏和共享体系基本建立 …………… 87
　　（四）实验材料资源共享与利用水平不断提升 …………… 90
三、地方积极推进科技资源共享服务创新创业 ……………………… 92
　　（一）地方科技资源共享政策制度进一步完善 …………… 93
　　（二）综合性科技资源共享服务平台建设成效显著 ……… 96
　　（三）科技资源共享专业化管理能力建设不断加强 …… 102
　　（四）依托创新券等方式增强对科技资源开放共享的激励 … 103
四、法人单位加大科技资源开放共享力度 …………………………… 108
　　（一）科技资源管理单位完善共享制度 ………………… 108
　　（二）高校院所加强内部共享网络和载体建设 ………… 110
　　（三）服务于科技资源开放共享的人才队伍建设 ……… 116
　　（四）建立科研仪器设备引导激励措施 ………………… 118

第四章　我国科技基础条件资源发展挑战与展望 ……………… 121
一、面临的挑战 ………………………………………………………… 122

  （一）科技突破和产业革命迫切需要高水平科技基础
条件的支撑 …………………………………………… 122

  （二）新时期科技创新发展要求加快推进科技基础条件
资源的高效利用和合理配置 ………………………… 122

  （三）转变政府职能要求科技基础条件资源管理精细化 …… 123

二、发展展望 …………………………………………………… 123

  （一）加强科技基础条件资源建设，提升国家科技创新能力 … 123

  （二）强化科技基础条件资源共享服务，支撑重大科技
创新和经济社会发展 ………………………………… 125

  （三）深化科技基础条件资源分类分级管理，全面服务
创新创业 ……………………………………………… 127

  （四）研究完善政策制度和评价引导机制，优化科技基础
条件资源管理 ………………………………………… 128

第一章
科技基础条件资源概述

科技基础条件资源是科技创新能力的重要组成部分,是开展科研活动的根本保障,是支撑科技创新发展的基石,也是占领国际科技制高点的重要前提。

一、科技基础条件资源的内涵和类型

科技资源是从事科技活动所需要资源的总称,是促进科技进步与创新的基础。广义的科技资源包括科技人力资源、科技财力资源、科技物力资源、科技信息资源、科技政策与管理资源等诸多方面。狭义的科技资源可以指科研活动所需的物质和信息,即科技基础条件资源,主要包括科研设施与仪器、生物种质与实验材料等科技物力资源,以及科学数据、科技文献等科技信息资源。科技基础条件资源是支持科技创新活动的基本保障,具有公益性、基础性和战略性等特征。本报告重点关注的科技基础条件资源有以下三大类型:

(一)科研设施与仪器

科研设施与仪器是科学研究中不可缺少的重要工具,是用于探索未知世界、发现自然规律、实现技术变革的复杂科学研究系统,是突破科学前沿、解决经济社会发展和国家安全重大科技问题的技术基础和重要手段。同时,科研设施与仪器本身也是一种高技术产品,其水平直接反映了一个国家科学技术和工业发展水平。

根据其规模体量和结构功能,可分为国家重大科技基础设施(大科学装置)和科学仪器设备两大类。国家重大科技基础设施一般由国家统筹布局,依托高水平创新主体建设,是长期为高水平研究活动提供服务、具有较大国际影响力的国家公共设施,具有投入规模大、建设时间长、技术复杂、开放性强等特点。

（二）科学数据与信息

科学数据与信息是人类社会科技活动所产生的基本科学技术数据、资料，以及面向不同需求加工整理形成的各种科学数据产品和各种载体的科技图书、期刊、报告、论文、专利等科技文献。科学数据与信息是科研观测、科学研究活动的成果，也是科技创新的重要对象与条件。

科学数据是人类进行社会科技活动积累的或通过其他方式获取的反映客观世界的本质、特征、变化规律等的原始性、基础性数据，以及根据不同科技活动需要进行系统加工整理的各类数据的集合。科学数据资源是国家的重要资源，一个国家数据资源的生产、存储、开发、利用水平是体现这个国家的科学技术能力、知识储备能力、信息占用能力的重要标志。根据科学数据产生的渠道不同，科学数据主要有两大类，一类是行业部门按照统一的规范标准长期采集和管理并用于科学研究的数据（业务数据）；另一类是各类科技计划项目在研究过程中产生的，以及为支持科学研究而通过观测、监测、试验等站点采集的科学数据（研究型数据）。

科技文献根据不同的划分标准，可以分成多种类型。按载体形式划分，文献主要有纸张型、缩微型、电子型、音像型等4种。按出版形式划分，可分为科技图书、科技期刊、科技报告、会议论文、学位论文、科技成果文献、专利文献、技术标准与计量文献、技术方法与工艺文献、文献数据、声像文献等。

（三）生物种质与实验材料

生物种质和实验材料大多是科研人员将自然界本身就存在的物质，通过采集或者加工等方式形成的科技资源，其资源形态各异，广泛应用于科学研究各个领域。

生物种质资源是有生命的自然资源，分为植物种质资源、动物种质资源、微生物菌种资源三类，每类资源又可以细分为不同的小类，如植物种质资源可以细分为农作物种质资源、林木种质资源、饲用植物种质资源、药用植物种质资源等。动物种质资源可以细分为畜禽种质资源、特种动物种质资源、农用昆虫种质资源、水产种质资源等。微生物菌种资源可以细分为农林菌种资源、工业菌种资源、医药菌种资源、兽药菌种资源等。

实验材料是开展科研活动所需要物质材料的总称，是科学研究和分析测试必备的物质条件，也是新技术发展不可缺少的功能材料和基础材料，包括科研试剂、实验动物资源、实验细胞资源、岩矿化石标本资源、生物标本资源和标准物质资源等。实验材料与诸多领域的科学研究有着密切的关系，它的发展程度是衡量一个国家科技发展水平的重要指标之一。例如，实验动物是医学、生命科学等领域科学研究的基础和重要支撑条件，医药、化工、农业、轻工、环保、航天、军工等众多领域的科学研究和生产应用都离不开实验动物，在现代科学带动下，实验动物已经发展成为一门综合性的新兴学科，其发展程度是反映一个国家生命科学发展水平的重要标志。

二、加强科技基础条件资源建设的作用与意义

科技基础条件资源作为国家重要的战略性、基础性资源，既是开展科研活动的基础和保障，也是引领前沿科技创新、吸引顶尖人才的重要手段。不断加强科技基础条件资源的建设和管理是提升国家科技创新能力、建设创新型国家的必然要求。

（一）科技基础条件资源是建设世界科技强国必备的物质技术基础

科技基础条件资源是支撑科技创新、实现科学研究突破的基石。当前，

科技发展正孕育着一系列革命性的突破，世界科技呈加速发展态势，科学研究探索不断向新的广度和深度拓展，学科交叉融合加速，前沿领域快速延伸。拥有相当规模、高质量的科技基础条件资源，并通过科学高效的管理手段实现其与科技人才、资金的合理配置成为开展高水平科技创新活动、产生原创性科技成果的基础和前提。发达国家和新兴工业化国家纷纷加大科技基础条件资源建设投入，强化创新战略部署，扩大建设规模和覆盖领域，抢占未来科技发展制高点，把建设强大的科技基础条件作为重中之重。党的十八大明确了我国以创新驱动发展的战略纲要，科技基础条件资源是实现"建设科技强国"这一目标的必备物质技术基础。进一步加强我国科技基础条件资源建设，有利于在新一轮科技革命中抢占先机。

（二）加强科技基础条件资源建设是从源头上增强自主创新能力的战略举措

科技基础条件资源不仅是科技创新活动的重要基础保障，也是推动科技创新的基础和先导。通过高精尖的科研仪器设施开展科学实验、试验是引领前沿科学研究的重要手段和方式，建设高水平的科技基础条件资源有利于不断聚集国内外科技人才及其他科技资源，不断提升我国自主创新能力。当前，我国高端科学仪器设备大量依赖进口、关键核心技术和设备受制于人，已成为制约我国自主创新能力提升的关键因素之一。切实加强科技基础条件资源建设，提高科技创新的支撑保障能力，是不断推动国家科技创新发展的重要先导因素。

（三）加强科技基础条件资源建设是以科技创新带动全面创新的重要支撑

科技基础条件资源的规模、质量、配置和利用直接决定着科技创新能力的高低，进而影响着经济增长方式和速度。为贯彻实施创新驱动

发展战略，面向重大科学前沿、国家重大战略工程、产业共性关键技术研发等发展需求，推动跨领域、跨部门、跨区域集中组织实施面向国家目标的协同创新，推进大众创业、万众创新，提高科技创新带动全面创新的效率，迫切需要进一步提升科技资源的保障、生产、开发和利用水平，切实增强科技基础条件资源对科技进步和经济社会发展的支撑保障能力。

（四）深化科技基础条件资源管理是科研管理向创新服务转变的重要抓手

当前，推动政府职能从研发管理向创新服务转变，加快转变政府管理职能，提高公共科技服务能力成为政府科技工作的重要内容。科技基础条件资源大多具有很强的公共性和基础性，是科学研究、企业创新和大众创业必不可少的支撑条件。科学合理配置科技资源、提高科技资源利用效率、推动科技资源支撑高水平科技创新活动将成为政府强化科技公共服务职能、推进科技体制改革的重要措施和有效手段，其重要性将日益凸显。

三、我国科技基础条件资源建设发展历程

（一）新中国成立后至改革开放前，科技基础条件资源建设工作逐步探索

新中国成立初期，新中国开始恢复和发展经济，我国政府把发展科学技术纳入国民经济社会发展的重要内容。在经济落后的情况下，我国创造条件有步骤地推进条件资源建设。1949年11月成立了中国科学院，并充实、改造旧中国留下的科研、试验和调查机构，积极着手建设一批

新的科研机构。科研仪器方面，自主研制了一批科学仪器设备，大型精密科学仪器的品种不断增加，性能不断提高，开始用于机械制造、冶金、化工、能源、环保以及国防工业；科学数据方面，组织对西藏、南方热带和亚热带地区、黄河中游、黑龙江流域等地开展了综合科学考察，获取了相关科学数据并着手保存数据资料，为满足工农业生产建设和国防建设的需要，新建了一大批观测台站；科技文献方面，初步形成了科技情报工作系统，搜集并积累了大量国内外科技文献资料，进行了不同形式的加工、整理、报道和服务工作，奠定了文献基础工作；实验动物方面，培育出相关实验用小鼠，建立了实验动物生产基地。新中国成立初期的这些基础条件资源建设成就虽然是初步的、基础性的，但前进步伐是坚定的、有力的，这标志着中国科学技术事业走上了健康发展道路。

（二）改革开放后，科研条件建设进一步加强，科技资源共享工作起步实施

改革开放后，科学技术事业迅速恢复和发展，科技基础条件资源相关工作不断加强。这一时期科研仪器设备等条件研发、科研基地建设、科技资源共享供应等相关工作开始逐步走入科学的发展轨道。期间出台了《关于科学实验所需物资管理的规定》《实验动物管理条例》等政策。1997年，科技部印发了《科研条件发展"九五"计划和2010年长远目标纲要》，是我国第一次制定全国科技条件长远发展计划。

从1979年开始，各单位的实验室都得到恢复、重建、充实，并有了迅速发展。科学仪器研制开发和引进不断加强，"九五"期间，围绕与国民经济发展相关的农业、环境、生命等学科领域，光谱、色谱、电化学、生化分离分析及电子光学仪器研制取得突破；实验动物管理也步入正轨，国家先后投资建立了四个实验动物中心，在此基础上一些省也相继建立了省级动物中心。

20世纪80年代后，国家有关部门先后组织制定并实施了一系列国

家科技计划和工程，包括国家重点工业性试验项目计划、国家高技术研究发展计划（"863"计划）、国家重点实验室计划、重大技术装备研制计划、国家重大科学工程，以及"211"工程、"985"工程等，这些计划的实施，为我国科技事业持续创新提供了坚实的物质保障，全国各部门、各地区引进了许多大型科学仪器等，我国科技基础条件建设得到逐步加强。

2001年，科技部印发《科研条件建设"十五"发展纲要》，对科研条件工作作出部署。同年，国家从中央财政科学事业费中拨款，设立科技文献信息专项，经费额度每年约为3亿元，支持国家科技图书文献中心（NSTL）共建单位，主要用于文献信息资源的采集、加工服务，文献信息资源网络的建设和运行维护以及其他与文献信息资源共建共享建设相关工作。

进入21世纪后，我国科技基础条件资源建设已取得了积极的进展，"家底"逐步厚实，但同时科技资源开放共享不够的问题开始逐步显现，具体表现在国家科技投入产生的大量科技信息、科学数据、大型科学仪器设备、研究实验报告、实验动物、种质资源等科技资源存在搁置、封闭现象，大量宝贵的科技资源利用效率低，国家科技投入效益不高。

2001年开始科技部联合相关部门启动了科学数据共享工作，引入科技基础条件资源开放、共享、竞争、服务的新机制。同时，启动实施科技基础性工作专项，年均投入经费近2亿元，该专项主要的工作内容是科学考察和调查、历史科技资料的整理、科学典籍志书图集的编撰、标本资源以及生物种质资源的采集保存、标准物质的研制、科学标准规范的制定等科学活动。

2003年起，科技部与发改委、财政部、教育部等有关部门联合启动了科技基础条件平台建设重点领域试点项目，推进科技基础条件资源共享网络平台和机制建设。之后国家相继发布了《2004—2010年国家科技基础条件平台建设纲要》和《"十一五"国家科技基础条件平台实施意见》，对科技资源共享平台建设进行了整体规划和布局。2005年科技部和财政部正式启动"国家科技基础条件平台建设专项",推进了研究实验基地和大型科学仪器设备、自然科技资源、科学数据、科技文献、科技成果转化、网络科技环境等六大类科技资源共享平台建设,大力推进各类科技基础条件资源开放共享。

(三)"十一五"以来,科技基础条件资源保障体系不断完善

进入"十一五"阶段,科技实力日益成为经济竞争和综合国力竞争的核心,加强科技基础条件建设,已经成为提高科技创新能力、促进经济发展、提升综合国力的重要手段。这一时期我国充分依托相关科技计划,大力推进国家重点实验室、国家工程(技术)研究中心等科研基地建设,加强科研条件研发,大力推动科技资源开放共享,科技基础条件资源保障能力不断提升,科技基础条件资源保障体系逐步完善。

2006年,国务院发布了《国家中长期科学和技术发展规划纲要(2006—2020年)》,对科技基础条件建设和科技资源共享工作作出全面部署。2007年《中华人民共和国科学技术进步法》发布,对科研条件建设和科技资源开放共享等做出明确规定。2006年2月,中央编办批准科技部成立国家科技基础条件平台中心,承担国家科技基础条件平台建设和管理工作,推动科技资源开放共享。

"十一五"期间,中央财政累计投入科技平台建设专项经费约29.1亿元,地方、部门配套经费约为3.75亿元,共启动了42项平台建设专项项目,初步建立起跨部门、跨区域、多层次的资源整合与共享网络体系,建立和完善了重点科技资源的物质与信息保障系统,并探索了不同类型科技资源的管理模式和共享机制,科技资源得到有效配置和系统优化,资源利用率大大提高。

2008年,科技部、财政部启动了国家科技基础条件资源调查,作为国家科技基础条件平台建设的三项基础性工作之一。该工作旨在调

查我国科研设施与仪器、科学数据、生物种质和实验材料等科技资源的存量和动态变化情况，摸清财政投入形成的科技资源"家底"，是我国专门针对科技条件资源覆盖面最广、层次最高的一项调查工作。目前调查范围已覆盖国务院相关部门和各省区市共 4000 多家单位，形成了部门、地方、法人单位各方参与的工作体系，建成了科技资源调查数据库。

2011 年，中央财政设立了国家重大科学仪器设备开发专项资金。专项资金主要用于支持重大科学仪器设备的开发，以提高我国科学仪器设备的自主创新能力和自我装备水平，支撑科技创新，服务经济建设和社会发展。通过专项的实施攻克了一批能有效带动和引领科学仪器行业发展的关键核心技术和核心部件，有效支撑了科技进步和社会发展。在实验动物、科研试剂等条件建设方面，2011 年以来，国家科技支撑计划每年列出专项渠道，支持实验动物、科研试剂、技术标准的研发工作，每年支持经费约为 3 亿元。在实验动物领域，支持了重大疾病动物模型、实验动物新品种、实验动物质量监测体系等方面项目研究。在科研试剂方面，支持了科研用生化试剂核心单元物质及共性关键技术的研发、新型分离材料研发与集成示范、科研用试剂研发与集成示范等项目。攻克了一批科研用试剂的核心单元物质、关键技术和生产工艺，研发了药品食品对照培养基、高纯有机试剂等一批重要的科研用试剂。科研条件保障能力进一步提升，为科技进步和经济社会发展提供了重要支撑。

2011 年起，科技部、财政部还通过绩效考核与后补助制度的方式，支持国家科技基础条件平台对外开放共享服务。2013 年，财政部、科技部发布了《国家科技计划及专项资金后补助管理规定》（财教〔2013〕433 号），提出以共享服务后补助方式支持国家科技基础条件平台面向社会开展公共服务。至 2015 年，国家科技基础条件平台奖励补助经费累计达 13.33 亿元，推动平台开放服务取得积极进展。

（四）十八大以来，实施创新驱动发展战略推进科技创新条件建设

党的十八大明确提出"科技创新是提高社会生产力和综合国力的战略支撑，必须摆在国家发展全局的核心位置"，强调要坚持走中国特色自主创新道路、实施创新驱动发展战略。实施创新驱动发展战略要求政府的职能要从科研管理向创新服务转变，深化科研条件建设、推进科技资源开放共享是重要的工作内容。十八大以来，我国按照创新驱动发展战略总体部署，继续推进科研基础条件建设，深化科技资源公共服务，取得积极进展。

2012年，科技部组织编制了《科研条件发展"十二五"专项规划》，对"十二五"期间科研条件和资源共享工作作出全面部署，提出以支撑科技进步和创新为主线，以促进科研条件优化配置和高效利用为核心，以体制机制创新为动力，着力优化科研条件系统布局，着力增强科研条件创新能力，着力推进科研条件开放共享，着力强化科研条件质量保障，大幅提升科研条件整体水平，为加快推进自主创新和建设创新型国家提供坚实保障。

2013年，国务院发布《国家重大科技基础设施建设中长期规划（2012—2030年）》，明确未来20年我国重大科技基础设施发展方向。"十二五"期间，国家投资建设了海底科学观测网、高能同步辐射光源验证装置、上海光源线站工程、大型低速风洞等16项重大科研基础设施。

2014年，国务院印发《关于国家重大科研基础设施和大型科研仪器向社会开放的意见》（国发〔2014〕70号），针对当前经济社会发展需求，提出了一系列推进大型科研设施与仪器面向全社会开放共享的具体措施。

近两年来，国家以推动大型科研设施与设备开放共享为重点，加强科技资源分级分类管理，深化科技资源共享服务平台建设，科技资

源开放共享机制不断完善,开放共享程度不断提高,服务重大科学研究和重大工程建设方面取得积极成效。各地方围绕科技、经济和社会发展需求,制定完善相关政策制度,加大科技基础条件建设力度,搭建综合性科技资源共享平台,有效整合集成区域内科技基础条件资源,积极面向中小企业技术创新和创业团队服务,为区域科技及经济发展提供了有力支撑。

第二章
我国科技基础条件资源的能力建设

科研设施与仪器、科学数据与信息、生物种质和实验材料等科技基础条件资源是科技创新的物质基础，也是国家科技创新能力的重要体现。长期以来，我国高度重视科技基础条件建设工作，将其作为科技持续发展的重要前提和根本保障。目前，我国科技基础条件资源已形成多元化的支持渠道，规模与质量不断提升，自主研发能力逐步增强，科技基础条件资源能力建设取得长足进展。

一、科技基础条件资源能力建设形成多渠道、多层次的投入格局

从资金来源看，我国科技基础条件资源建设有来自国家、地方各级财政以及社会资金的投入；从支持渠道看，重大专项等主体科技计划、"985"工程、"211"工程、知识创新工程、科研基地建设等都是科技基础条件资源能力建设的主要支持方式。

（一）国家财政投入是科技基础条件资源能力建设的主要资金来源

科技基础条件资源的基础性、公益性决定了政府在其建设中的主体地位。以最能代表科技基础条件资源能力建设的重大科研仪器为例，根据 2015 年度的国家科技基础条件资源调查数据统计，截至 2014 年年底，全国主要高校、科研院所及部分科技型企业拥有的原值 50 万元以上的大型科学仪器设备主要资金来源为中央财政资金，如表 2-1 所示。

表 2-1　大型科学仪器设备原值按资金来源统计所占百分比

资金来源	全部调查单位	高等学校	中国科学院
中央财政资金	53.23 %	54.45%	74.68%
地方财政资金	13.95 %	15.74%	4.04%
单位自有资金	14.02 %	9.93%	5.23%
其他资金	18.80 %	19.88%	16.05%
总计	100 %	100 %	100 %

数据显示，参与资源调查的全部单位中来源于中央财政资金购置或研制的大型科学仪器设备原值合计占到总原值的 53.23%，其中，中

国科学院系统的大型科学仪器设备来源于中央财政资金支持的占到了74.68%。

通过国家财政资金支持重大科技专项、科技支撑计划、"863"计划、国家自然科学基金等计划项目的实施过程中，购置或研制了大量的科技基础条件资源，成为我国科技基础条件资源能力积累的重要方式。同时，国家重大科学仪器设备开发专项、研制项目、国家科技支撑计划等也直接支持了科技基础条件资源的研制，如表2-2所示。

表2-2 支持科技基础条件资源能力建设的主要研究计划项目

科技计划专项名称	在科技基础条件资源建设方面的工作	主管部门
国家重大科技专项	科研仪器设备等资源的购置和研制	科技部
国家科技支撑计划	科研仪器设备等资源的购置和研制；支持实验动物、科研试剂、技术标准的研发工作	科技部
"863"计划	科研仪器设备等资源的购置；支持试剂等科研条件研制	科技部
国家重大科学仪器设备开发专项（重大科学仪器设备开发重点专项）	支持基于新原理、新方法和新技术等的重大科学仪器设备的开发	科技部
科技基础性工作专项（科技基础资源调查专项）	支持科学考察和调查、历史科技资料的整理、科学典籍志书图集的编撰、标本资源以及生物种质资源的采集保存、标准物质研制、科学标准规范制定等	科技部
科技文献信息专项	支持国家科技图书文献中心（NSTL）建设，用于文献信息资源的采集、加工、网络的建设和运行维护	科技部
科技基础条件平台专项	支持国家科技基础条件共享服务平台的建设和共享服务	科技部
国家重大科研仪器研制项目	支持具有原创性思想的探索性科研仪器研制，支持原创性重大科研仪器设备研制	自然科学基金会
公益性行业科研专项	支持行业部门开展基础性科研工作	财政部

表2-2列出了科技计划管理改革前支持科技基础条件资源能力建设的主要研究计划项目。相关计划项目支持科技基础条件资源能力建设的

成效显著。

国家重大科技专项。据科技部重大专项办公室统计，"十二五"期间，国家重大科技专项共部署2500余项项目（课题），中央财政投入769亿元，带动形成442个技术平台和94个实验及产业化基地，研制并积累了相当规模的科技基础条件资源。如，"核心电子器件、高端通用芯片及基础软件产品"专项建设了国产关键软硬件适配攻关基地、开源中国社区平台、国家数字家庭应用示范产业基地；转基因专项系统布局了30个条件能力建设项目，建成4个动植物基因研究中心、2个转基因技术研究中心、9个动植物中试和产业化基地及15个转基因生物安全评价和检测监测中心；新药专项建成亚洲第一个国家化合物样本库，集中储存和应用的化合物总量近200万份。

国家科技支撑计划。科技计划管理改革前，除了支持购置科研仪器设施等条件资源外，国家科技支撑计划每年列出专项渠道，支持科研仪器、实验动物、科研试剂、技术标准等条件的研发工作，每年支持经费约为3亿元。在科研仪器方面，1996—2014年，科技支撑计划（包括原科技攻关计划）共支持了近500项科学仪器研发类项目。在实验动物领域，2011—2014年，累计投入2.14亿元支持了重大疾病动物模型、实验动物新品种、实验动物质量监测体系等方面的6项项目研究。在科研试剂方面，"十一五"以来共支持了科研用生化试剂核心单元物质及共性关键技术的研发、科研用生化与分子生物学试剂研发与集成示范、新型分离材料研发与集成示范、科研用试剂研发与集成示范等十余项项目。科技计划管理改革后，相关工作被纳入重点研发计划。

"863"计划。与科技支撑计划类似，除了支持条件资源购置外，"863"计划在项目或课题层面还支持了试剂等科研条件的研制。据不完全统计，"十一五"至"十二五"期间，在科研试剂方面，共涉及"生物芯片仪器和试剂""生物医学关键试剂""纳米材料与器件""农产品生境控制与质量分子检测技术"等16个项目，及其所属的"芯片集成系统及生物芯片配套试剂和设备"等56项课题，共计2.68亿元。主要支持了生化诊断试剂、环境污染快检试剂、农产品检验检疫等方面的试剂，涉及生物医药、资源环境、现代农业、新材料等多个领域。科技计划管理改革后，相关工作被纳入重点研发计划。

国家重大科学仪器设备开发专项（重大科学仪器设备开发重点专项）。2011年，科技部、财政部在总结财政部设立"国家重大科研装备研制项目"以及中科院重大科研装备研制试点经验的基础上，全面启动了重大科学仪器设备研发工作，并设立了国家重大科学仪器设备开发专项资金。专项资金主要用于支持重大科学仪器设备的开发，以提高我国科学仪器设备的自主创新能力和自我装备水平，支撑科技创新，服务经济建设和社会发展。2011—2014年我国拨经费分别为22.57亿元、26.77亿元、21.61亿元和5.07亿元。该专项支持范围主要包括：基于新原理、新方法和新技术的重大科学仪器设备的开发，基于已有重大科学仪器设备（装置）创新成果的工程化开发，重要通用科学仪器设备（含核心基础器件）的开发，以及其他重要科学仪器设备的开发。科技计划管理改革后，该专项被纳入重点研发计划，并更名为"重大科学仪器设备开发"重点专项。

科技基础性工作专项（科技基础资源调查专项）。该专项从"十五"规划开始启动实施，年均投入经费近2亿元，主要支持了科学考察和调查、历史科技资料的整理、科学典籍志书图集的编撰、标本资源以及生物种质资源的采集保存、标准物质的研制、科学标准规范的制定等科学活动。科技计划管理改革后，该专项被更名为"科技基础资源调查专项"。

科技文献信息专项。2001年设立，专项经费来源于中央财政科学事业费预算拨款，经费额度每年约为3亿元。该经费支持国家科技图书文献中心（NSTL）共建单位，主要用于文献信息资源的采集、加工服务，文献信息资源网络的建设和运行维护以及其他与文献信息资源共建共享建设相关工作。科技部中信所负责该专项组织实施和管理。

科技基础条件平台专项。2003 年，中央财政设立国家科技基础条件平台专项资金。2003—2011 年，科技部、财政部投入近 30 亿元支持 42 项国家科技基础条件平台建设项目，包括资源的建设、收集、整理、信息化等工作。2011 年，科技部、财政部又通过绩效考核与后补助制度的方式，支持国家科技基础条件平台共享服务，累计奖励补助经费 13.33 亿元（2010—2014 年奖励补助经费分别为 2.46 亿元、2.65 亿元、2.74 亿元、2.74 亿元和 2.74 亿元）。平台建设和绩效考评等过程管理工作由平台中心承担。

国家重大科研仪器研制项目。该项目由国家自然基金委设立，旨在面向科学前沿和国家需求，以科学目标为导向，鼓励和培育具有原创性思想的探索性科研仪器研制，着力支持原创性重大科研仪器设备研制，为科学研究提供更新颖的手段和工具。该项目 2014 年度资助 71 项，平均资助强度为 1405 万元/项。2015 年度资助计划为 5.5 亿元，项目申请经费不得超过 1000 万元/项，资助期限为 5 年。

公益性行业科研专项。该专项由财政部等于 2006 年设立。主要任务是选择公益特点突出、行业科研任务较重的农业部、水利部、气象局、林业局、环保局、海洋局、地震局、质检局、中医药局等 10 个部门，支持其开展行业内应急性、培育性、基础性科研工作，提高行业发展科技支撑力度。包括国家标准和行业重要技术标准研究以及计量、检验检测技术研究。根据中国计量院编制的《国家计量科技发展规划调研报告》统计，"十二五"期间，公益行业项目共立项 594 个，其中计量领域共有 113 个项目，占总项目的 16%，国拨经费 2 亿元。着重解决质检科技领域急需的计量基标准、标准物质和量传溯源技术研究。科技计划管理改革后，相关工作被纳入重点研发计划。

除以上直接支持渠道外，在其他各类国家科技计划（专项、基金等）中，都有相当比例的科研经费用于科研仪器设备、科学数据、实验材料等科研条件的建设，据估算投入经费不低于总经费的 20%。

（二）重大专项等主体科技计划、重大科教工程、科研基地建设是科技基础条件资源能力建设的主要支持渠道

表 2-3~ 表 2-5 分别列出了 2014 年度国家科技基础条件资源调查中全部调查单位、高等院校以及中国科学院在上报的原值 50 万元以上的大型科学仪器设备原值资金来源占比情况。由表中数据可以看到重大专项等主体科技计划、重大科技创新工程（包括教育部的"985"工程、"211"工程以及中科院的知识创新工程、"率先行动"计划等）、科研基地建设（包括重点实验室设备更新改造、修购专项等）是科技基础条件资源能力建设的主要支持渠道。

表 2-3　全部调查单位大型科学仪器设备原值资金来源占比（2014 年）

资金来源	占比（%）
中央财政资金	53.23
科技计划、专项、基金	17.62
国家重大科技专项	11.19
国家自然科学基金	2.11
"863"计划	1.48
"973"计划	0.82
国家科技支撑（攻关）计划	1.20
公益性行业科研专项	0.66
火炬计划	0.15
重大科教工程	12.41
"985"工程	7.93
"211"工程	4.47
科研基地等能力建设	9.66
国家重点实验室仪器设备购置	2.41
中央级科学事业单位修缮购置专项	7.25
除上述外由中央政府部门下达的经费	13.54
地方财政资金	13.95
单位自有资金	14.02
其他资金	18.80
总计	100

● "211" 工程 是于 1995 年 11 月经国务院批准后正式启动，面向 21 世纪、重点建设 100 所左右的高等学校和一批重点学科的建设工程，是新中国成立以来由国家立项在高等教育领域进行的规模最大、层次最高的重点建设工作。

● "985" 工程 是以建设科技创新平台和哲学社会科学创新基地为重点，通过机制体制创新、队伍建设、平台和基地建设、基础条件建设、国际交流与合作等建设，提高学校的科技创新能力和国际竞争力，建设世界一流大学和一批国际知名的高水平研究型大学。

● 知识创新工程 于 1998 年国家科技教育领导小组第一次会议批准，目标是到 2010 年前后，把中国科学院建设成为瞄准国家战略目标和国际科技前沿、具有强大和持续创新能力的国家自然科学和高技术的知识创新中心；成为具有国际先进水平的科学研究基地、培养造就高级科技人才的基地和促进我国高技术产业发展的基地；成为有国际影响的国家科技知识库、科学思想库和科技人才库。

从全部调查单位来看，中央财政资金中，科技计划、专项、基金等主体科技计划支持大型科学仪器设备购置研制的资金最多，占到总原值的 17.62%，占中央财政资金的 1/3；其中来源于重大科技专项的仪器设备占到总原值的 11.19%，远远超出了国家自然科学基金、"863" 计划、"973" 计划、国家科技支撑计划等其他科技计划、专项、基金。

"985" 工程、"211" 工程等重大科教工程支持形成的大型科学仪器设备总原值占到第二位，约为 12.4%，受调查手段所限，重大创新工程中目前仅统计了教育部的 "985" 工程、"211" 工程，中科院的知识创新工程、"率先行动" 计划等通过研究项目、基础设施建设、人才计划等形成的大型科学仪器设备被纳入到 "除上述外由中央政府部门下达的经费" 中。

此外，科研基地等能力管理建设也支撑了大型科研仪器的购置升级等科研条件建设，占到总原值的近 10%。目前，主要包括每年度对国家重点实验室设备更新改造以及由财政部管理的中央级科学事业单位修缮购置专项。其中，中央级科学事业单位修缮购置专项，是财政部于 2006 年设立的，重点支持中央级科学事业单位科研工作需要的房屋及科研辅助设施的维修改造；水、暖、电、气等基础设施的维修改造；直接为科学研究工作服务的科学仪器设备购置；利用成熟技术对尚有较好利用价值、直接服务于科学研究的仪器设备所进行的功能扩展、技术升级等工作。

表 2-4 高等学校大型科学仪器设备原值资金来源占比（2014 年）

资金来源	占比（%）
中央财政资金	54.45
科技计划、专项、基金	15.59
国家重大科技专项	9.94
国家自然科学基金	3.04
"863" 计划	0.46
"973" 计划	0.88
国家科技支撑（攻关）计划	0.97
公益性行业科研专项	0.13
火炬计划	0.17
重大科教工程	25.13
"985" 工程	16.06
"211" 工程	9.07
科研基地等能力建设	3.26
国家重点实验室仪器设备购置	2.31
中央级科学事业单位修缮购置专项	0.95
除上述外由中央政府部门下达的经费	10.46
地方财政资金	15.74
单位自有资金	9.93
其他资金	19.88
总计	100

在高等学校以及中国科学院中，三大类科技基础条件资源建设的支

持渠道略有不同。表 2-4 显示，在高等学校中，"985"工程和"211"工程支持购置的大型科学仪器设备占到了总原值的 1/4，是各类支持渠道中最多的。如果将统计范围进一步聚焦到所有"211"高校，"985"工程和"211"工程支持购置的大型科学仪器设备总原值占比更增加到总原值的 38%。

如表 2-5 所示，在中国科学院中，国家重大科技专项支持的科研仪器设备占比近 20%，中央级科学事业单位修缮购置专项渠道占比约 12%，如前所述，知识创新工程等很大程度上被纳入"除上述外由中央政府部门下达的经费"中，该项比例高达 23.62%。此外，中国科学院还承担了相当一批国家重大科技基础设施的建设，这些设施都是由国家发展改革委批准建设的。截至 2015 年 6 月，国家发展改革委批准建设的在建和运行的国家重大科技基础设施有 32 项，覆盖了时间标准、导航、遥感、天文、地质、海洋、生态、能源等诸多领域。

表 2-5 中国科学院大型科学仪器设备原值资金来源占比（2014 年）

资金来源	占比（%）
中央财政资金	74.68
科技计划、专项、基金	31.28
国家重大科技专项	19.23
国家自然科学基金	3.36
"863" 计划	2.66
"973" 计划	1.98
国家科技支撑（攻关）计划	2.74
公益性行业科研专项	0.92
火炬计划	0.39
重大科教工程	1.64
"985" 工程	1.22
"211" 工程	0.42
科研基地等能力建设	18.13
国家重点实验室仪器设备购置	6.17

续表

资金来源	占比（%）
中央级科学事业单位修缮购置专项	11.96
除上述外由中央政府部门下达的经费	23.62
地方财政资金	4.04
单位自有资金	5.23
其他资金	16.05
总计	100

（三）地方财政以及社会投入是科技基础条件资源能力建设的重要补充

纳入国家科技基础条件资源调查的单位中85%以上的是各地方的高校、院所，除了中央财政资金外，地方财政以及社会投入也是科技基础条件资源能力建设的重要来源。

在国家科技基础条件建设的引导带动下，各地方政府加大对科技基础条件资源能力建设的投入。从全国来看，地方财政资金投入占到大型科学仪器设备总原值的近14%。各地方积极出台区域性的科研条件发展规划，通过地方科技计划、科研基地等加强地方科技基础条件资源建设。如广西壮族自治区就出台了《广西科研条件建设和发展规划（2013—2020年）》，进一步加强广西科研条件建设。近年来，各个省市通过科技项目、运行补助、奖励等多种方式，支持科技基础条件平台建设运行经费超过60亿元，占科技总体投入比例超过20%的省市达1/3以上，其中60%以上的省市设立了科技平台建设专项资金。例如，山西省自2005年起设立省级科技平台专项计划，安排专项经费，每年不低于1000万元予以支持；新疆、辽宁、湖北、云南、贵州等省份都将平台建设纳入专项预算，给予财政支持，同时引导社会资金参与平台建设。一些地方在科技平台建设过程中积极创新支持方式，提高科技平台工作的效益。据不完全统计，2011—2012年各地方共新建大型科学仪器设备、自然科技资源、科技文献、科学数据等领域的科技资源共享平台近40个（地方各类重点实验室等研发基地未统计在内）。各地方在上述领域累计建设科技资源共享平台超过200个，涉及资源单位超过5000家，共整合大型仪器设备超过6万台（套）（各地大型仪器设备标准略有不同），仪器原值超过400亿元，各类数据库2000余个。如浙江省科技平台整合科研设备价值达56亿元，其中大型仪器设备共享平台共建单位162家，整合30万元以上仪器设备1812台（套），占全省可共享大型仪器设备的85%。山西省科技文献平台建成40个特色数据库，资源总量达23TB。湖北科技平台保藏了来自22个国家和地区的各类培养物27000余株。广东科技平台保存农业种质资源66000余份。地方科技基础条件平台建设整合聚集了原本分散的地方科技资源，成为地方科技创新的基础支撑和国家科技平台的有益补充。

此外，单位自有资金投入以及社会投入也是科技基础条件资源能力建设的重要来源。如同济大学在建设上海地面交通工具风洞中心中，充分吸纳了各渠道的资金投入。总资金投入为4.956亿元，其中，除了国家发改委投资0.5亿元，上海汽车产业基金1.5亿元、上海科教兴市项目经费1亿元外，同济大学还自筹资金0.956亿元，同时上汽集团、奇瑞汽车等国内6家企业预付风洞使用款1亿元，形成了多方共建的总体格局。风洞中心于2009年7月1日投入试运营，包括我国首座气动–声学整车风洞和首座热环境整车风洞以及一个多功能维护中心，也是亚洲最大的风洞。风洞中心自投入试运营以来，已累计为60多家国内外汽车整车、零部件和高铁企业提供空气动力学、气动声学、热管理等方面的各类相关试验研究，累计完成汽车整车及其零部件子系统研发试验项目1000余项，测试车型3000多台，截至2014年4月底，试验运行工作量为11100机时。试验服务机时年增长超过30%。

二、科技基础条件资源规模与质量水平持续提升

近年以来,我国科技基础条件资源发展水平持续提升,科技基础条件资源规模保持了较快的增长势头,并且部分资源的性能水平达到国际先进水平。总体看,我国科技基础条件得到大幅改善,为科技创新和经济社会发展提供了坚实保障。

(一)重大科研基础设施建设成效显著

国家重大科研基础设施是指为提升探索未知世界、发现自然规律、实现科技变革的能力,由国家统筹布局,依托高水平创新主体建设,面向社会开放共享的大型复杂科学研究装置或系统,是长期为高水平研究活动提供服务、具有较大国际影响力的国家公共设施。重大科研基础设施是突破科学前沿、解决经济社会发展和国家安全重大科技问题的物质技术基础,集中体现了国家科研基础设施水平和技术制造能力。世界主要发达国家在重大科研基础设施布局建设中投入巨大,这些投入既为这些国家的科技发展和创新能力建设提供了不可替代的重要支撑,也对各国的经济社会发展起到了推动促进作用。我国虽然较发达国家而言起步较晚,但通过持续地增大投入,无论在设施建设数量还是质量上,都在接近甚至超越部分发达国家,体现出了较强的后发优势。

1. 资金投入和设施数量快速增长

我国重大科研基础设施的发展,经历了从无到有、从小到大、从学习跟踪到自主创新的过程。1988年,在邓小平同志的大力支持下,中国科学院建成了我国第一个国家重大科研基础设施——北京正负电子对撞机。"七五"期间列入国家重点建设的科学项目有5项，其中重大科研基础设施有2项，投资为3.4亿元；"八五"、"九五"期间，国家持续增加重大科研基础设施的投入，到"十五"期末投资增加到近40亿元。"十一五"期间，国家相继启动散裂中子源、脉冲强磁场实验装置、蛋白质科学研究设施、子午工程等12项重大科研基础设施建设，投资突破60亿元。"十二五"期间，投资建设了合肥同步辐射装置、上海光源等16项重大科研基础设施。①随着国家投入的增加，重大科研基础设施覆盖的科研领域不断拓展，水平稳步提升，逐步形成了一定的规模与体系。

根据重大科研基础设施专项调查，截至2016年，我国高校和科研院所建成运行和正在建设的国家重大科研基础设施共58项，其中已建成验收的45项（表2-6和表2-7，保密设施2个未列入），正在建设的13项（表2-8）。重大科研基础设施按功能特点可分为通用设施和专用设施，已建设验收的43项重大科研基础设施（2个保密设施除外）中，属于专用设施的22项，属于通用设施的21项。

我国重大科研基础设施规模持续增长，覆盖领域不断拓展。调查显示，目前我国重大科研基础设施已覆盖了包括物理学、地球科学、生物学、材料科学、力学和水利工程等20多个一级学科，对我国科技发展发挥了广泛的支撑作用。同时，重大科研基础设施集聚效应已经初步显现，北京、上海、合肥等地区已初步形成学科领域相对集中、布局比较合理的重大科研基础设施集聚态势。

---

① 数据来源：国家重大科研基础设施和大型科研仪器发展报告。

表 2-6 我国已建成的重大科研基础设施
（不含保密设施和超级计算中心）

序号	项目名称	依托单位	主管部门
1	北京正负电子对撞机	中国科学院高能物理研究所	中国科学院
2	长短波授时系统	中国科学院国家授时中心	中国科学院
3	大亚湾反应堆中微子实验	中国科学院高能物理研究所	中国科学院
4	兰州重离子研究装置	中国科学院近代物理研究所	中国科学院
5	全超导托卡马克核聚变实验装置	中国科学院等离子体物理研究所	中国科学院
6	500口径球面射电望远镜	中国科学院国家天文台	中国科学院
7	大天区面积多目标光纤光谱天文望远镜（郭守敬望远镜）	中国科学院国家天文台	中国科学院
8	国家蛋白质科学研究（上海）设施	中国科学院上海生命科学研究院	中国科学院
9	遥感飞机	中国科学院遥感与数字地球研究所	中国科学院
10	合肥同步辐射装置	中国科学技术大学	中国科学院
11	神光Ⅱ高功率激光实验装置	中国科学院上海光学精密机械研究所	中国科学院
12	上海光源	中国科学院上海应用物理研究所	中国科学院
13	中国遥感卫星地面站	中国科学院遥感与数字地球研究所	中国科学院
14	东半球空间环境地基综合监测子午链（又称子午工程）	中科院空间科学与应用研究中心	中国科学院
15	新一代厘米-分米波射电日像仪	中国科学院国家天文台	中国科学院
16	脉冲强磁场实验装置	华中科技大学	教育部
17	国家汽车整车风洞中心（上海）	同济大学	教育部
18	超声速风洞	南京理工大学	工信部
19	NF-3低速翼型风洞	西北工业大学	工信部

续表

序号	项目名称	依托单位	主管部门
20	NF-6 增压连续式高速风洞	西北工业大学	工信部
21	风洞循环水槽	上海交通大学	教育部
22	海洋深水试验池	上海交通大学	教育部
23	多功能振动台实验室	同济大学	教育部
24	激光发射试验平台	南京理工大学	工信部
25	聚龙一号装置	中国工程物理研究院流体物理研究所	中国工程物理研究院
26	神光－Ⅲ原型装置	中国工程物理研究院激光聚变研究中心	中国工程物理研究院
27	星光－Ⅲ激光装置	中国工程物理院激光聚变研究中心	中国工程物理研究院
28	研究堆及中子应用科学实验平台	中国工程物理研究院核物理与化学研究所	中国工程物理研究院
29	HI-13 串列加速器	中国原子能科学研究院	中国核工业集团公司
30	中国先进研究堆中子实验设施	中国原子能科学研究院	中国核工业集团公司
31	泥沙基本理论研究平台	南京水利科学研究院	水利部
32	长江防洪模型	长江水利委员会长江科学院	水利部
33	长江中下游河口段模拟试验平台	南京水利科学研究院	水利部
34	"实验1号"科学考察船	中国科学院南海海洋研究所	中国科学院
35	"科学号"海洋科学综合考察船	中国科学院海洋研究所	中国科学院
36	"东方红2号"海洋实习考察船	中国海洋大学	教育部
37	"北斗号"海洋渔业科学调查船	中国水产科学研究院黄海水产研究所	农业部
38	"海洋六号"科考船	广州海洋地质调查局	国土资源部

数据来源：国家重大科研基础设施和大型科研仪器发展报告。

表 2-7　已正式挂牌的国家级超级计算中心情况

名称	成立时间	所在地区	超级计算资源	服务领域
国家超级计算天津中心	2009年	天津市	天河一号、TH-1A 系统、系统 A（TH-1）、系统 B、系统 C	石油勘探、高端装备研制、生物医药、动漫设计、新能源、新材料、工程设计与仿真分析、气象预报、遥感数据处理、金融风险分析、高端装备制造、土木工程设计、新能源新材料、生物医药、石油勘探、动漫与影视制作、气象预报、遥感数据处理、金融风险分析、海洋环境工程等
国家超级计算深圳中心	2010年	广东省深圳市	曙光 6000 超级计算系统	结构强度、动力学、运动学、碰撞安全、流体力学的工程计算、计算物理、计算化学、地球物理学、生物、气象、医药、运筹优化
国家超级计算长沙中心	2010年	湖南省长沙市	TH-1HN 系统	科学研究、信息服务、装备制造等领域
国家超级计算济南中心	2011年	山东省济南市	神威蓝光计算机系统	海洋科学、信息安全、电子政务、气候气象、工业设计、生物信息、航空航天、智慧城市及科学计算
国家超级计算广州中心	2012年	广东省广州市	天河二号	高新产业和现代服务业，数字城市建设以及科研领域，还应用于城市抗震减灾、基因组学研究与应用、药物设计、生物分子动力学模拟、数字媒体和动漫渲染、舆情监控、应急智能决策等方面

表 2-8 我国在建的部分重大科研基础设施

序号	项目名称	依托单位	主管部门
1	中国散裂中子源	中国科学院高能物理研究所	中国科学院
2	X射线自由电子激光试验装置	中国科学院上海应用物理研究所	中国科学院
3	稳态强磁场实验装置	中国科学院合肥物质科学研究院	中国科学院
4	加速器驱动嬗变研究装置	中国科学院广州分院／近代物理研究所	中国科学院
5	强流重离子加速器	中国科学院近代物理研究所	中国科学院
6	中国南极天文台	中国科学院紫金山天文台、中国极地研究中心	中国科学院
7	模式动物表型与遗传研究国家重大科技基础设施	中国农业大学、中国科学院昆明动物研究所	中科院、教育部
8	重大工程材料服役安全研究评价设施	北京科技大学	教育部
9	空间环境地面模拟装置	哈尔滨工业大学	教育部
10	精密重力测量国家重大科技基础设施	华中科技大学	教育部
11	转化医学国家重大科技基础设施（上海）	上海交通大学	教育部
12	上海交大多功能船模拖曳水池	上海交通大学	教育部
13	自主水下航行器研究平台	西北工业大学	工信部

数据来源：国家重大科研基础设施和大型科研仪器发展报告。

"十二五"期间,在国家"863"计划等项目的牵引下,我国超级计算机研制运行工作持续发展。目前,经科技部批准建成的国家级超级计算中心有5个,分别位于天津、深圳、长沙、济南和广州;无锡超级计算中心处于建设阶段。此外,中国科学院和上海市也建设了功能齐全、计算能力领先的超级计算中心。

2. 部分领域的重大科研基础设施处于国际领先水平

我国很多重大科研基础设施的性能已达国际领先水平,极大地提高了我国在基础前沿领域的研究和高新技术研发的能力。如依据国际TOP500组织发布对全球各国超级计算机的测评结果,我国的超级计算机质量建设已经在部分设施上取得国际领先水平。自2013年以来,中国的"天河2号"超级计算机连续3年蝉联"世界超级计算机500强排名榜"的首位,并在实际最大计算能力和峰值速度两项关键指标上超出排名第二位的美国"泰坦"超级计算机近一倍。神光-Ⅲ原型装置的成功研制标志着我国成为继美、法后世界上第三个系统掌握第二代高功率激光驱动器总体技术的国家,成为继美国之后世界上第二个具备独立研究、建设新一代高功率激光驱动器能力的国家。稳态强磁场装置的建成使我国与美、法、荷、日并列成为世界五大稳态强磁场科学中心之一。散裂中子源装置与英国、美国、日本的散裂中子源相并列,成为世界四大主要脉冲散裂中子源科学中心之一,每年可接待上千名研究人员在不同的谱仪上展开研究。①

在同步辐射光源等领域,无论从设施数量规模还是性能上,我国都已进入世界前列。其中,上海光源是目前世界上性能最好的第三代中能同步辐射光源之一。表2-9所示为目前世界上主要国家已建成的同步辐射光源及其建设投入情况。

---

① 数据来源:国家重大科研基础设施和大型科研仪器发展报告。

表 2-9　主要国家已建成同步辐射光源及其建设投入

国家	设施名称	建设投入
中国	上海同步光源装置（SSRF）	14.8 亿元
	国家同步辐射实验室（NSRL）	2.0 亿元
	北京同步辐射装置（BSRF）	一期 2.4 亿元、二期 6.4 亿元
	台湾光源（TPS）	68.8 亿台币
美国	Advanced Light Source(ALS)	1 亿美元
	Advance Photon Source（APS）	4.7 亿美元
美国	Comell High Energy Synchrotron Source（CHESS）	130 万美元（1980 年）
	National Synchrotron Light Source II（NSLS II）	9.1 亿美元
	Stanford Synchrotron Radiation Laboratory（SSRL）	3 亿美元
加拿大	Canadian Light Source（CLS）	5 亿美元
德国	Berliner Elektronenspeicherring-Gesellschaft für Synchrotron strahlung（BESSY II）	2.3 亿欧元
英国	Diamond Light Source（Diamond）	4 亿英镑
意大利	ELETTRA – Synchrotron Light Laboratory（ELETTRA）	1.2 亿欧元
法国	European Synchrotron Radiation Facility（ESRF）	2.2 亿欧元
	Source Optimisée de Lumière à Energie Intermédiaire du LURE（SOLEIL）	3.9 亿欧元
瑞士	Suiss Light Source（SLS）	8900 美元
瑞典	MAX IV Laboratory（MAX IV）	5.3 亿美元
澳大利亚	Australian Synchrotron（AS）	2.1 亿澳元

续表

国家	设施名称	建设投入
日本	Super Photon ring-8（SPring-8）	1100亿日元
	Photon Factory（PF）	—
	Saga Light Source（SAGA-LS）	—
	Ultraviolet Synchrotron Orbital Radiation Facility（UVSOR）	—
韩国	Pohang Accelerator Laboratory（PAL）	1.5亿美元
巴西	Laboratorio Nacional de Luz Sincrotron（LNLS）	—

数据来源：中科院上海应用物理研究所。

3. 在国际重大科研基础设施合作建设中的地位不断提升

通过参与国际合作共建，相关领域重大科研基础设施建设取得积极进展。北京正负电子对撞机、HT-7超导托卡马克、超级计算机等一批装置已在国际前沿领域科学研究中占有一席之地，成为国际合作研究的重要成员或伙伴单位，奠定了中国在国际大科学研究中的重要地位。

科技部牵头积极参与了"国际热核聚变实验堆（ITER）计划"等国家大科学工程建设，该计划是目前全球规模最大、影响最深远的国际科研合作项目之一，建造约需10年，耗资50亿美元（1998年值）。ITER装置是一个能产生大规模核聚变反应的超导托卡马克，俗称"人造太阳"。2003年1月，国务院批准我国参加ITER计划谈判，2006年5月，经国务院批准，中国ITER谈判联合小组代表我国政府与欧盟、印度、日本、韩国、俄罗斯和美国共同草签了ITER计划协定。通过ITER计划专项的长期稳定投入，磁约束核聚变能基础研究和工程建设取得了突破，国内两大聚变装置EAST和HL-2A均完成了设备升级改造，实验能力得到大幅提升，HL-2A新建成6MW辅助加热系统，使辅助加热能力达到10MW，在边界等离子体物理方面发现了一些新现象，取得了高水平的研究成果；EAST 装置具备了超过 30MW 的高功率加热系统、实现了百秒级长脉冲行，长脉冲 H 模稳定重复超过 30 秒，创造了多项长脉冲世界纪录，稳态高参数科学研究处于国际领先水平。

国家投资建设了 500 米口径球面射电望远镜（FAST），极大提升我国空间测控研究能力。FAST 为我国科学家独创设计，利用我国贵州南部的喀斯特洼地的独特地形条件，建设的约 30 个足球场大的高灵敏度巨型射电望远镜。FAST 建成后将成为世界上最大口径的射电望远镜，与号称"地面最大的机器"的德国波恩 100 米望远镜相比，灵敏度提高约 10 倍。FAST 的技术设计方案集成了目前几乎所有可能的先进技术思想，提出了创新性的主动反射面及光机电一体化馈源支撑方案。作为世界最大的单口径望远镜，FAST 将在未来 20~30 年保持世界一流设备的地位，把我国空间测控能力由地球同步轨道延伸至太阳系外缘，将深空通信数据下行速率提高 100 倍。

（二）大型科研仪器建设水平不断提升

科研仪器设施是科技创新活动的主要工具，用于科学观测、实验以及计量等工作，其质量和规模是反映国家科技实力的重要指标。近年来，我国大型科研仪器建设投入持续增加，科研院所与高校的大型科研仪器规模质量持续增长。

1. 科研仪器设备规模增长迅速

资源调查显示，截至 2014 年年底，我国科研院所和高等学校大型科研仪器总量为 61251 台（套），原值合计 868.8 亿元；2008—2014 年，大型科研仪器数量年均增长率为 16.4%。尤其是进入"十二五"时期后，仪器建设明显加快，"十二五"前四年，我国科研院所和高校新增仪器 28163 台（套），四年新增数量几乎相当于"十五"和"十一五"期间 10 年的建设总量，四年新增仪器原值 419.1 亿元，超出"十五"和"十一五"

期间 10 年新增仪器原值近 10 亿元（图 2-1 和图 2-2）。

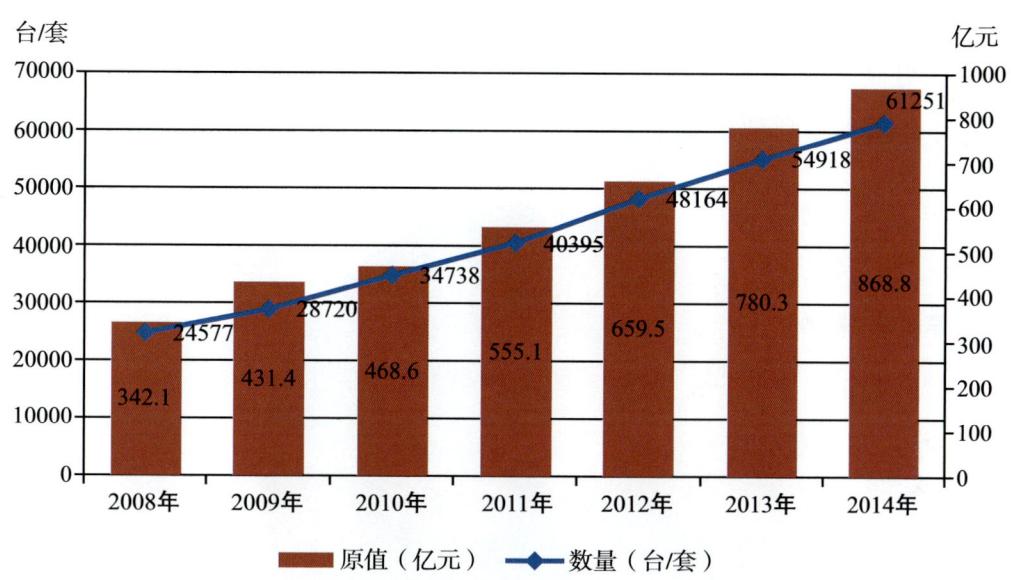

图 2-1 我国不同时期大型科研仪器增量分布

数据来源：国家科技基础条件资源调查。

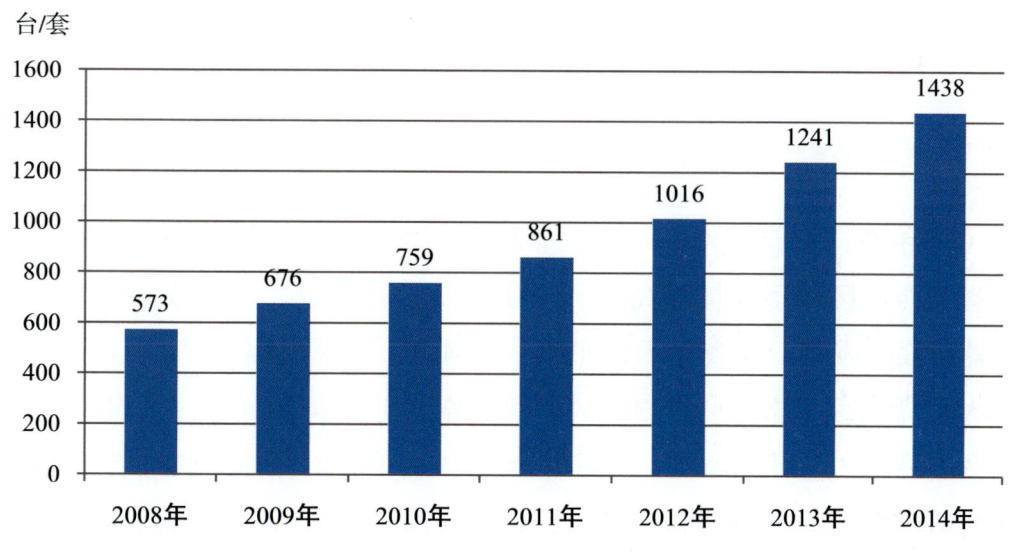

图 2-2 2008—2014 年原值 500 万以上的大型科研仪器数量

数据来源：国家科技基础条件资源调查。

2. 区域分布相对集中

我国不同区域在经济发展水平、科技投入强度、科技资源禀赋等方面存在明显差异，大型科研仪器建设分布很不均衡。京津冀与长三角合计拥有全国大型科研仪器总量的一半以上，具有明显的优势（图2-3）。

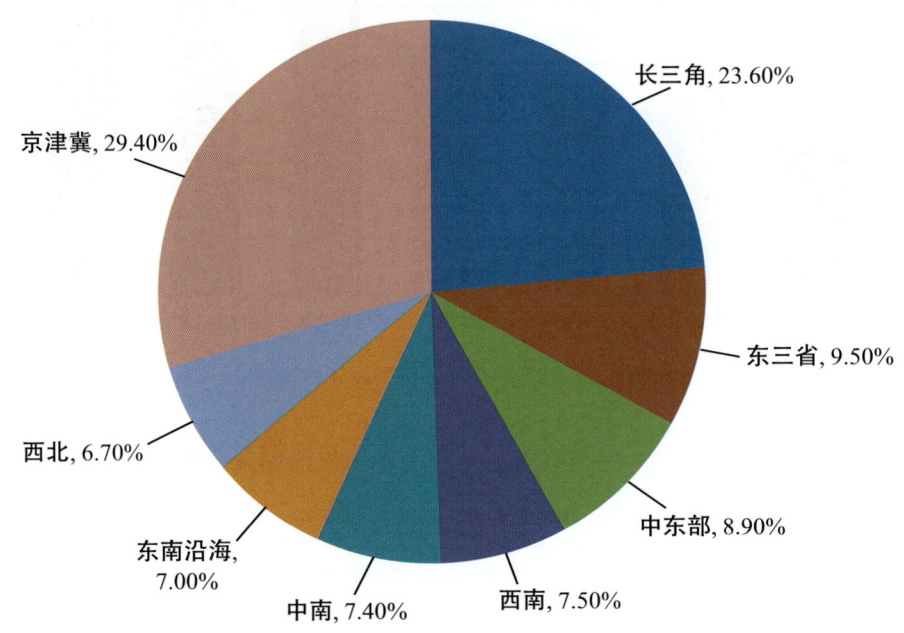

图 2-3　2014 年大型科研仪器区域分布

数据来源：国家科技基础条件资源调查。

近年来，随着振兴东北老工业基地、西部大开发等战略的实施，东三省、西南区域不断加强高校和科研院所学科建设，进而推动大型科研仪器的高速发展。调查显示，2008—2014年，西南地区原值50万元及以上大型科研仪器数量由1233台（套）增加到4624台（套），年均增长率全国最高，达到24.80%；东三省由2046台（套）增加到5791台（套），年均增长率为19.00%，位居第二，都明显高于全国16.40%的平均增长速度（图2-4）。

我国科技基础条件资源的能力建设 第二章

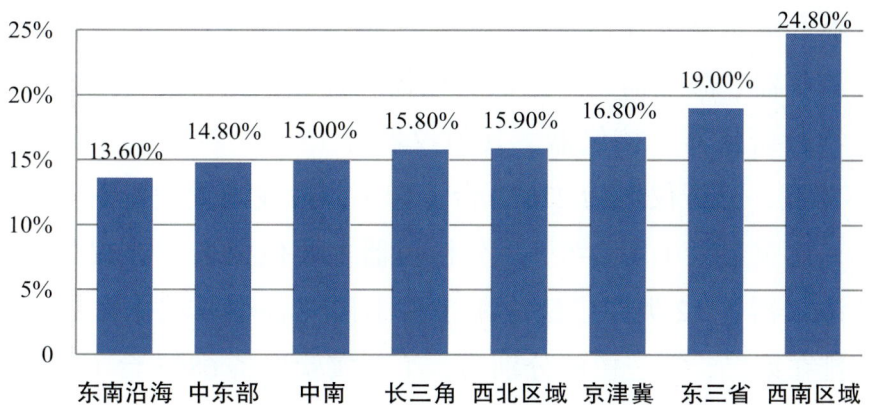

图 2-4　2008—2014 年不同区域大型科研仪器增长速率

数据来源：国家科技基础条件资源调查。

3. 分析类科研仪器占比重最大

科学仪器设备按照用途可以分为分析仪器、物理性能测试仪器、

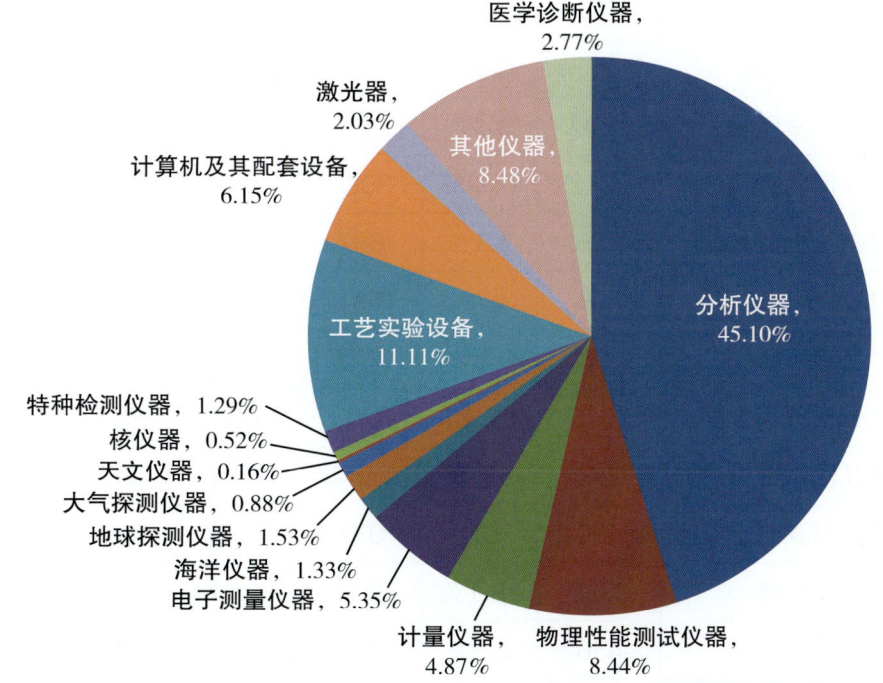

图 2-5　2014 年按类型分大型科学仪器设备总数占比

数据来源：国家科技基础条件资源调查。

计量仪器、电子测量仪器、海洋仪器、地球探测仪器、大气探测仪器、特种检测仪器、激光器、工艺试验仪器、计算机及其配套设备、天文仪器、医学科研仪器、核仪器、其他仪器等15类。调查数据显示，截至2014年年底，分析仪器为27622台（套），占我国大型科研仪器总量的45.10%，比重最大（图2-5）。分析仪器主要包括X射线仪器、光谱仪器、色谱仪器等12类，广泛应用于科学研究各个领域（表2-10）。数量占比排在第二、第三位的分别为：工艺实验设备6805台（套），占比11.11%；物理性能测试仪器5170台（套），占比8.44%。

表2-10　2010—2014年分析仪器细分类型的分布

年份 分析仪器种类	2010年 数量（台/套）	占比	2012年 数量（台/套）	占比	2014年 数量（台/套）	占比
X射线仪器	966	6.4%	1229	5.6%	1576	5.71%
波谱仪器	428	2.8%	543	2.5%	673	2.44%
电化学仪器	93	0.6%	190	0.9%	421	1.52%
电子光学仪器	1282	8.4%	2143	9.8%	2188	7.92%
光谱仪器	2312	15.2%	3055	13.9%	3848	13.93%
环境与农业分析仪器	355	2.3%	687	3.1%	834	3.02%
热分析仪器	565	3.7%	851	3.9%	1023	3.70%
色谱仪器	1441	9.5%	2615	11.9%	3076	11.14%
生化分离分析仪器	2848	18.7%	3733	17.0%	4382	15.86%
显微镜及图像分析仪器	1245	8.2%	2012	9.2%	2736	9.91%
样品前处理及制备仪器	480	3.2%	932	4.2%	1315	4.76%
质谱仪器	2750	18.1%	3162	14.4%	4089	14.80%
其他	436	2.9%	805	3.7%	1461	5.29%
总计	15201	100.0%	21957	100.0%	27622	100%

数据来源：国家科技基础条件资源调查。

4. 我国高水平高校院所的仪器装备水平处于国际先进行列

以地质与地球物理科学为例,近十年来中国地质与地球物理研究所共引进包括3台离子探针在内的总资产过亿元的仪器设备,在微区微量原位分析方面跻身国际前列,与国外同类机构巴黎地球物理学院[①]相比(表2-11),在仪器性能指标及研究领域方面达到同一水平,实现了该所在仪器设备整体规模和性能方面的跨越式发展。

表 2-11 中科院地质与物理研究所和巴黎地球物理学院科技资源存量对比

对比项目	中科院地质与物理研究所	巴黎地球物理学院
工作人员总数	约650人	约400人
研究人员	约300人	约230人
学生	约500人	约150人
大型质谱类仪器（单价过百万质谱类）	24台（套）	11台（套）
代表性高精尖仪器	离子探针3台（约9000万元）	Thermo-Fisher MAT 253 ULTRA 1台（约2000万元）

数据来源：中国科学院地质与物理研究所。

在纳米技术领域,选取北京大学、清华大学等14所国内纳米领域研究实力领先的高校,与哈佛大学、斯坦福大学等14所美国国家纳米技术基础设施网络（NNIN）高等学校成员,从大型科研仪器数量、核心仪器装备情况等方面进行对比。数据显示,我国14所高校拥有光刻机、扫描显微镜、蚀刻仪等大型科研仪器总计675台（套）,美国14所高校拥有超过1100台（套）,中美两国在纳米领域大型科研仪器数量上基本处于

---

① 巴黎地球物理学院（Institut de Physique du Globe de Paris，IPGP）主要在固体地球相关领域开展研究工作,包括地球物理、地球化学、地质学定量等领域,是世界著名的地球科学研究机构。

同一量级。从高端大型科研仪器数量来看，以纳米技术领域的核心高端仪器高精度光刻机①为例，我国14所高校拥有各种类型光刻机22台，美国14所学校拥有光刻机24台，我国纳米领域高端科研装备水平可与美国等发达国家比肩（表2-12）。

在地震工程力学领域，地震模拟振动台是地震工程研究中非常重要的大型仪器设备。目前依托同济大学建设的地震模拟振动台组系统，总承载能力为200吨，为国内振动台承载能力之最，是世界上规模最大、实验能力最强的振动台实验系统之一。该振动台已经完成试验项目近900项。据统计，在世界上已经运行的大型振动台中，该振动台的运行效率名列前茅。振动台不仅为国内模拟实验提供支持，还承接了美国加州大学伯克利分校、日本东京工业大学以及意大利欧洲地震工程研究中心的委托任务。

表2-12　我国高校与美国高校在纳米技术领域装备水平的比较

	中国	美国
代表高校	北京大学、清华大学、南京大学、西安交通大学、哈尔滨工业大学、天津大学、吉林大学、华东师范大学、中山大学、浙江大学、华东理工大学、南京理工大学、上海大学、北京科技大学	斯坦福大学、哈佛大学、加州大学、康奈尔大学、密歇根大学、乔治亚理工学院、华盛顿大学、宾夕法尼亚州立大学、明尼苏达大学、德克萨斯大学奥汀分校、霍华德大学、圣路易斯华盛顿大学、亚利桑那州立大学、科罗拉多大学
开展研究领域	电子学、物理学、化学、生物学、加工学、计量学	电子产品、光学和光子学、微观和纳米机电系统、微流体、纳米物理学、生物学和生物医学、纳米材料、地球科学与环境科学

数据来源：北京大学纳米化学研究中心。

---

① 光刻机是制造芯片（集成电路）的最核心科研仪器，用于刻画芯片上的电路，就好比电子产业的机床。光刻机是全球协作的产物，基本上代表了当今民用领域的最高工艺水平。

（三）科学数据总体规模大幅增长

科学数据工作贯穿于科技创新活动的全过程，并在广泛应用过程中增值，是信息时代传播速度最快、影响面最广、开发利用潜力最大的科技资源。改革开放以来，我国科技创新能力快速提升和发展，科技投入强度不断增加，通过各级各类科技计划项目实施、科研基地建设、国际科技合作等促进了科学数据的快速积累与发展。国家科技计划、行业部门专项以及地方各级科研项目都在不同程度上支持了科学数据生产与加工，以大科学装置、国家野外科学研究台站、国家重点实验室等为代表的科研基础设施和研究实验基地也积累了大量科学数据。

1. 科学数据总量快速增长。

近年来，我国科学数据总量快速增长。高能物理、天文、地学、生命科学等领域的观测、检测数据增长尤为显著，目前仅散裂中子源实验数据库每年就新增 1TB 数据；天文领域以国家天文台的中国天文数据为例，自 2008 年以来，自产数据的增量以约 2 年翻一番的速度迅速增长；在地学科学领域，我国研发了国际领先的"分辨率 30 米全球地表覆盖数据"，构建了全球首个高分辨率地表覆盖信息服务平台，2014 年，我国政府将该数据捐赠给联合国，为世界各国开展全球变化研究和可持续发展规划等提供重要基础数据；在生态领域依托国家生态系统野外观测研究台站体系已获取全国气候值空间分布数据共 20GB，陆地生态系统碳水通量与碳循环动态监测数据约 2300GB（每年新增 150G），2000 年后集成了 6.12GB 联网动态监测数据。基于重大科技基础设施产生的数据已呈爆发式增长，大型强子对撞机每年产生的实验原始数据就达 15PB；大亚湾中微子实验站建站后获取数据 900 亿条，我国物理学家利用大亚湾中微子实验获取的数据，获得了世界上最精确的中微子混合角 theta13 和质量平方差测量结果，该成果在 2012 年被《科学》杂志评为当年十大科学发现之一；截至 2015 年年底，LAMOST 望远镜共发布了 575 万个天体光谱信息，相比世界上已有光谱巡天项目，LAMOST 获取的光谱总数遥遥领先。①

2. 科学数据覆盖面扩大，交叉融合趋势明显

我国领土辽阔，地势西高东低呈三级阶梯状分布，不同自然区域之间存在着显著的地域差异，造成了不同地理单元内农业、生态、气象等科学数据类型丰富、尺度多样。此外，我国多民族差异对科学数据呈现丰富多样的特点也产生了巨大影响。青藏高原是我国科学数据集中观测采集的典型区域，多年来众多科研工作者对青藏高原开展了大量地质地理、生态环境、生物多样性、医药健康等方面的考察调查工作，获得了青藏高原大气物理、大气环境、冰川变化、湖泊变化、水文和生态等基础和特色数据，以及青藏高原地区基础地理空间数据集，青藏高原分县人口与社会经济统计数据集，青藏高原台站长期监测数据集，青藏高原冰川、冻土数据集，青藏高原土地覆被变化数据集，西藏农牧林等系列数据集，凸显青藏高原学科特色。随着数据科学和技术的发展，跨学科整合、融合、分析和利用科学数据已成为科学数据发展的重要趋势，如化学领域的科学数据广泛应用于生物制药、化工产业、材料制造等；资源环境数据资源广泛分布在地理、土壤、湖泊 – 流域、地球物理、冰冻圈、全球变化模拟、极地、海洋、天文、空间、农业生态、沼泽湿地、青藏高原、遥感、水生生物、古环境、物候、大气等分支学科；地球物理学的数据包括来源于天基的空间科学和地基的地磁探测，形成从天文观测、空间探测、地磁观测等多学科的地球物理数据资源。科学数据在应用过程中的交叉融合特点也十分明显，如基于地理数据的农业、生态、气象、人口、医疗、生物等科学数据分析和利用；再如基于气象数据的人口健康、

---

① 数据来源：国家科学数据资源发展报告。

生物、农业、材料等科学数据分析和利用等等。目前，基于科学数据交叉融合已经产生了一大批新的科学数据产品，如气象医学数据库、气候变化与森林火灾数据库等。

3. 被国际组织收录的科学数据增长显著

DCI数据库是汤森路透建立的考察各国科学数据集（库）数量的综合数据库，数据质量较高，在全世界范围内均具有权威性。地球观测政府间工作组（Group on Earth Observation, GEO）、全球生物多样性信息网络（Global Biodiversity Information Facility, GBIF）以及世界气象组织（World Meteorological Organization，WMO）分别为地球科学、生命科学以及气象科学这三个代表性学科领域内影响力较大的国际组织。从DCI的收录情况来看，中国科学数据资源库（集）的总量为98512个，仅次于美国和加拿大（表2-13），位列世界第三，涉及农业、材料、地震、医学、制造、气象等多个学科领域。

表2-13 不同数据来源的各国拥有的科学数据集（库）

单位：个

国家	DCI	WMO	GBIF	GEO
中国	98512	399	1644747	—
美国	878891	3758	381555031	13280454
加拿大	182055	443	22507481	108
德国	72512	219	32228676	346304
英国	45900	295	89020950	486
意大利	34221	67	778387	—
法国	34652	302	73989469	1664
澳大利亚	23174	563	81254206	21843
日本	65231	306	7701995	228
韩国	9790	133	3856256	—
印度	8272	234	1023754	—

数据来源：DCI数据库截至2015年1月收录的数据，重点学科领域国际组织（GEO，GBIF以及WMO）官方网站截至2016年1月收录的数据。

选取 DCI 数据库中各个国家科学数据情况作为代表，统计 2010 年和 2014 年这 5 年间 DCI 科学数据库中资源规模的情况可以看到（表 2-14），我国近年数据资源量的年均增长率为 37.5%，遥遥领先于其他国家，国内科学数据资源的建设规模日益庞大且增长迅猛。由此可见，"十二五"期间我国在科学数据资源建设方面，基于前期的不断探索和积累，在近五年期间实现了爆发式增长，以往的工作成效也逐步凸显。

表 2-14 各国近年科学数据资源规模的增长情况

国家	2010 年数据库（集）个	2014 年新增数据库（集）个	年均增长率	年均增长率排名
中国	6328	3985	37.5%	1
美国	101459	39684	12.8%	7
加拿大	14012	2492	17.2%	5
德国	13023	5697	15.7%	6
英国	8332	4922	19.4%	4
意大利	16665	2115	32.8%	2
法国	4549	3454	20.6%	3
澳大利亚	3365	2103	2.5%	14
日本	9207	3968	3.9%	12
韩国	2184	1733	9.3%	8
印度	1088	581	4.6%	10
俄罗斯	46	124	4.4%	11
南非	171	32	8.5%	9
巴西	956	658	3.6%	13

数据来源：DCI 数据库截至 2015 年 1 月收录的数据。

（四）生物种质和实验材料的资源保障能力显著提升

生物种质和实验材料资源是科研工作的基本材料，一般是指经过长期演化自然形成（如化石、岩矿）及人为改造（包括收集整理等）的、对人类社会生存与发展不可或缺的、为人类社会科技与生产活动提供基础材料、为科技创新与经济发展起支撑作用的重要物质资源,生物种质和实验材料的种类繁多,涉及的领域广泛,主要包括种质基因、人类生物标本、实验微生物、实验动物、标本等资源等。我国是自然资源的大国,仅从生物物种来看,已达88000多种,占世界总数的7.93%,其中,动物、植物、微生物菌种为45000、30000、13500多种,分别占世界总数的5.69%、12.14%和17.55%,且拥有许多独特的珍稀动植物资源。经过多年的积累,我国目前已收集保藏各类生物种质资源超过200万份(种、株),资源保藏量居世界前列。

1. 植物种质资源

植物种质资源是指来自植物的具有实际或潜在价值的任何含有遗传功能单位的遗传材料。植物种质资源是植物育种、遗传理论研究、生物技术研究和农业生产的重要物质基础,与人类的生存和发展密切相关。植物种质资源主要包括农作物种质资源、林木(含竹藤花卉)种质资源等,其形式有DNA、细胞、组织、根、茎、苗、叶、芽、花、种子和果实等。

从全球范围来看,在作物种质方面,美国以57万份居全球首位,同时拥有居于全球垄断地位的大型育种企业,科研与开发实力雄厚。我国保存的作物种质资源已经超过47万份,约占全球作物种质资源保存总量的14%,位居世界第二。印度成为后起之秀,保存作物种质资源40万份,且资源数量仍在不断增长。俄罗斯保存数量稳定在33万份左右。日本保存量为25万份。巴西依靠生物多样性优势和巨大资源潜力,保存量已达20万份。在林木种质资源方面,我国保藏量为108万份,占世界总量的16.6%,继巴西和印度尼西亚之后,位居第三位。

从调查情况来看,我国植物种质资源保藏量在不断增长,从2009年的98.3万份增长到2014的112.9万份,年均增长率为2.8%,其中2010年和2012年增长较快,增长率分别为3.6%和3.2%,高于年均增长率。

目前我国植物种质资源主要集中在科研院所，2009 年至 2014 年间科研院所植物种质资源保藏量占保藏总量的比例均在 99.0% 以上，植物种质资源高度化集中（图 2-6）。

图 2-6　科研院所和高等院校植物种质资源保藏量变化情况（2009—2014 年）

数据来源：科技基础条件资源调查填报数据，不包括台湾、香港、澳门地区，西藏未填报数据。

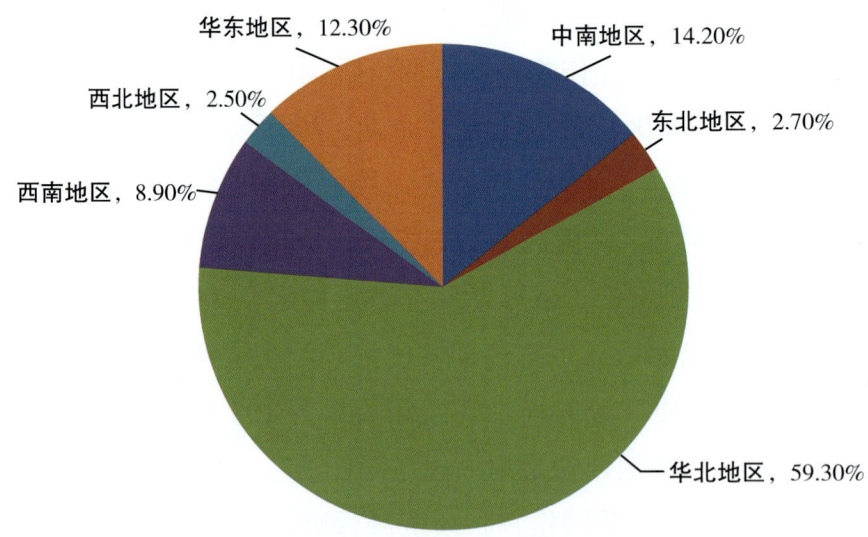

图 2-7　2014 年鉴植物种质资源保藏量区域分布

数据来源：科技基础条件资源调查填报数据，不包括台湾、香港、澳门地区，西藏未填报数据。

从国内区域分布上看，植物种质资源主要集中在华北地区，合计 65.5 万份，占全国植物种质资源总量的 59.3%，其中北京最多，为 58.6 万份，占全国植物种质资源总量的 53.1%。华东地区 13.6 万份，西南 9.8 万份，中南 15.7 万份，东北 3.0 万份，西北 2.8 万份（图 2-7）。

从保藏机构来看，截至 2015 年，全国共有 316 个植物种质资源保藏机构，其中 110 个保藏机构隶属于中央级单位，206 个保藏机构隶属于地方单位。隶属于中央级的 110 个保藏机构中，有 43 个隶属于农业部、37 个隶属于国家林业局、13 个隶属于教育部、12 个隶属于中国科学院、4 个隶属于卫生部、1 个隶属于国家海洋局。表 2-15 所示为我国保藏量居前的植物种质资源机构。

表 2-15　保藏量居前的植物种质资源机构列表

序号	保藏机构名称	依托单位	上级主管部门	单位所在省份
1	国家作物种质库	中国农业科学院作物科学研究所	农业部	北京
2	国家农作物种质保存中心	中国农业科学院作物科学研究所	农业部	北京
3	上海市农业生物基因中心基因资源库	上海市农业生物基因中心	上海市	上海
4	中国西南野生生物种质资源库	中国科学院昆明植物研究所	中科院	云南
5	国家水稻中期库	中国农业科学院中国水稻研究所	农业部	浙江
6	山西省种质库	山西省农业科学院农作物品种资源研究所	山西省	山西
7	国家蔬菜种质资源中期库	中国农业科学院蔬菜花卉研究所	北京市	北京
8	国家油料作物种质资源中期库	中国农业科学院油料作物研究所	农业部	湖北

2. 动物种质资源

截至 2015 年，我国收集保藏了水产种质资源 10843 种、活体家养动物资源 1000 多种，各类动物种质资源的保藏数量达到 4 万份，居世界前列。保藏类型包括动物活体 4491 种、精子 102 种、卵子 52 种、胚胎 216 种、组织器官 467 种、DNA 材料 7805 种、活体标本 20392 种、其他 5639 种。

在区域分布上，动物种质资源主要集中在华东地区，合计 2.9 万种，占全国动物种质资源总量的 76.3%，其中上海最多，为 2.7 万种，占全国动物种质资源总量的 71.1%，华北地区 1379 种、西南 1378 种、中南 3593 种、东北 1330 种、西北 879 种（图 2-8）。

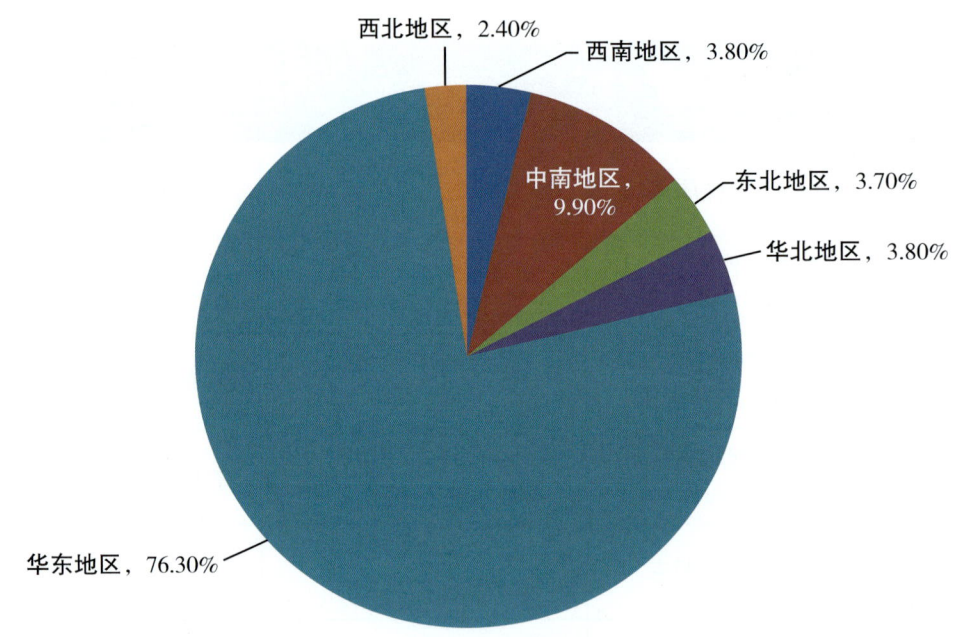

图 2-8　2014 年动物种质资源保藏量区域分布

数据来源：科技基础条件资源调查填报数据，不包括台湾、香港、澳门地区，西藏未填报数据。

在动物种质资源保藏机构方面，截至 2015 年，在全国 96 个动物种质资源保藏机构中，35 个保藏机构隶属于中央级单位，61 个保藏机构隶属于地方单位。隶属于中央级的35个保藏机构中，有17个隶属于农业部、11个隶属于教育部、2个隶属于国家海洋局，国家林业局、中国科学院、卫计委、水利部、国家民族事务委员会各1个。表2-16所示为我国保藏量居前的动物种质保藏机构。

表2-16 保藏量居前的动物种质保藏机构列表

序号	依托单位	保藏机构名称	上级主管部门	单位所在省份
1	中国农业科学院北京畜牧兽医研究所	重要及濒危家养动物种质资源体细胞库	农业部	北京市
2	全国畜牧兽医总站	国家级畜禽牧草种质资源保存利用中心	农业部	北京市
3	中国农业科学院家禽研究所	国家级地方鸡种基因库（江苏）	农业部	江苏省
4	江苏农牧科技职业学院	国家水禽基因库	农业部	江苏省
5	中国农业科学院	中国农业科学院上海家畜寄生虫病研究所	农业部	上海市
6	中国疾病预防控制中心	中国疾病预防控制中心寄生虫病所	卫计委	上海市
7	中国农业科学院	中国农业科学院兰州畜牧与兽药研究所	农业部	甘肃省
8	东北农业大学	东北农业大学农学院	黑龙江	黑龙江省

3. 微生物种质资源

据统计，我国微生物资源保藏总量在50万株左右，其中农业领域6.5万株、林业领域4.5万株、医学领域3万株、兽医领域3万株、工业领域4万株、药用领域12万株、基础研究领域15万株、海洋领域2万株。

从全球范围看，根据全球微生物保藏中心信息网统计，我国纳入该网统计的菌种保藏中心共33个，可共享的保藏菌株182235株，保藏的菌株总量为世界第4位；世界各保藏中心共保藏有96907个用于专利程序的生物材料，中国的普通微生物菌种保藏中心保藏的专利菌株为11977株，位于全球第2位，典型培养物保藏中心保藏的专利菌株为7892株，位于全球第5位。

在微生物菌种资源保藏机构方面，截止到2015年，全国90个微生物菌种资源保藏机构中，34个保藏机构隶属于中央级单位，56个保藏机构隶属于地方单位。隶属于中央级的34个保藏机构中，有11个隶属于教育部、8个隶属于农业部、5个隶属于卫计委、4个隶属于中国科学院、2个隶属于国家海洋局，国家林业局、国家民族事务委员会、国资委、国家食药监总局各1个。表2-17所示为我国保藏量居前的微生物菌种保藏机构。

表 2-17 保藏量居前的微生物菌种保藏机构列表

序号	保藏机构名称	依托单位
1	中国药学微生物菌种保藏管理中心	中国医学科学院医药生物技术研究所
2	中国普通微生物菌种保藏管理中心	中国科学院微生物研究所
3	中国典型培养物保藏中心	武汉大学
4	中国海洋微生物菌种保藏管理中心	国家海洋局第三海洋研究所
5	中国林业微生物菌种保藏管理中心	中国林科院森林生态环境与保护研究所
6	中国农业微生物菌种保藏管理中心	中国农业科学院农业资源与农业区划研究所
7	中国工业微生物菌种保藏管理中心	中国食品发酵工业研究院
8	中国医学细菌保藏管理中心	中国食品药品检定研究院
9	中国兽医微生物菌种保藏管理中心	中国兽医药品监察所

4. 标本资源

标本是人类认知自然万物的成果积累和物质基础，主要分为生物标本和岩矿化石标本。根据科技资源调查数据，在生物标本方面，截至 2015 年，全国有 68 个生物标本资源保藏机构，其中 41 个保藏机构隶属于中央级单位，27 个保藏机构隶属于地方单位。隶属于中央级的 41 个保藏机构中，有 20 个隶属于教育部、13 个隶属于中国科学院、4 个隶属于国家海洋局、3 个隶属于国土资源部、1 个隶属于国家林业局。表 2-18 所示为我国保藏量居前的生物标本资源保藏机构。

表 2-18 保藏量居前的生物标本资源保藏机构列表

序号	保藏机构名称	依托单位
1	中国科学院动物研究所	中国科学院动物研究所标本馆
2	中国科学院植物研究所	中国科学院植物研究所标本馆
3	西北农林科技大学	西北农林科技大学标本馆
4	中国农业大学	中国农业大学标本馆
5	河北大学	河北大学博物馆
6	中国科学院昆明植物研究所	中国科学院昆明植物研究所标本馆
7	中国科学院上海生命科学院	中国科学院上海昆虫博物馆
8	中国科学院华南植物园	中国科学院华南植物标本馆

5. 实验动物资源

实验动物是经人工饲育，对其携带的病原体实行控制，遗传背景明确或来源清楚，用于生命科学和生物技术研究、食品和药品等质量检验和安全性评价的动物；是生命科学研究和生物技术发展不可或缺的物质基础和支撑条件。

我国实验动物工作已经有了长足的进步。建立了包括实验动物主要品种、品系的种质资源保存和开发利用基地，自1998年开始，我国已经基本建成了包括小鼠、大鼠、豚鼠、地鼠、兔、犬、禽类和实验灵长类的国家动物种子中心和种质资源基地网络，拥有的资源品种、品系近3836个（包括遗传修饰小鼠），在国际上已经占有一席之地。同时，截至2015年底，我国已经建立了包括小鼠（含遗传工程小鼠）、大鼠、金黄地鼠、灰仓鼠、长爪沙鼠、小型猪、鸡、鸭、兔、剑尾鱼、树鼩等14大类实验动物种质资源生物学特性数据库，共192个品种品系34667组数据，280张图片和318张图谱。

目前，在实验动物领域，建有国家啮齿类实验动物种子中心北京中心、国家啮齿类实验动物种子中心上海分中心等7家保藏机构。

国家啮齿类实验动物种子中心。1998年由科技部批准成立。该中心具有约6000平方米的屏障环境，采取隔离器和IVC保种。具备完善的实验室和实验设备，可开展冷冻保存、体外授精、基因型鉴定、生物净化、模式动物制作等工作。2015年，活体保存有小鼠、大鼠、豚鼠、地鼠等4个品种近636个品系的实验动物，其中包括疾病模型、研究工具鼠等。

国家遗传工程小鼠种子中心。建于2001年，2010年经科技部批准设立。该中心是集遗传工程小鼠的资源保存与供应、疾病模型创制与开发和实验动物人才培训为一体的国家级科技基础条件服务平台。2015年中心保有小鼠品系3184个。

国家非人灵长类实验动物种子中心（苏州分中心）。2010年经科技部批准设立。该中心具有非人灵长类实验动物的繁育和供应能力，拥有占地120亩的动物养殖基地。2015年存栏量为12122只，实现SPF级保种种群数量达2680只，其中食蟹猴种群2364只，猕猴种群316只。2015年向国内科研机构和韩国、美国销售2029只。

国家犬类实验动物种子中心。建于1983年，2010年经科技部批准成立。该中心拥有符合国际实验动物福利标准的犬舍11栋5700m^2，大动物GLP实验室1200m²，不锈钢饲养笼480个。2015年保存有Beagle种犬442只，存栏量1500多只，年生产能力2000～2500只，为20家新药安全评价中心、科研院所等机构提供1394只实验犬。

国家兔类实验动物种子中心。2010年经科技部批准建立。中心采用隔离和屏障两种不同系统对实验兔进行保种。2015年保种3个品种（青紫兰、日本大耳白、新西兰），向除港、澳、台以外的各省市自治区提供SPF级标准化种质资源。

国家禽类实验动物种子中心。2010年经科技部批准建立。共有大型硬壁式隔离器200余台，屏障环境6000余平方米，有3处独立的SPF种禽饲育设施，总建筑面积约15000平方米，2015年保存SPF鸡和SPF鸭等2种动物，共有7个品种、10个品系，以及10个转基因鸡品系。SPF种禽数量分别为：SPF种鸡5000羽，SPF种鸭800羽，SPF鸡生产群6000羽。2015年，隔离器和屏障环境饲育的生产群，共生产SPF鸡种卵360万枚。

三、科技基础条件资源自主研发能力不断提高

在国家重大专项等各类科技计划、专项、基金的大力支持下，我国科技基础条件资源的自主研发能力明显提高，取得了一批标志性的成果，为我国自主创新能力的提升提供了强劲的动力。

（一）科研设施和仪器领域的自主研发能力明显增强

1. 重大科技基础设施关键部件的创新水平不断提升

近年来，我国在重大科研基础设施建设和运行过程中，注重加强设施关键部件的自主创新，在装置研制过程中，攻克多项技术难关，完成设施改建，多项成果达到国际领先水平，部分重大科研基础设施实现了

"跟跑"向"并跑"的转变。国家重大科研基础设施的自主创新，取得了显著成效，有力推动了设施的整体发展，对于打破国外技术封锁，保障国家安全和经济利益，提升我国科技实力和研发水平具有十分重要的作用。

如在北京正负电子对撞机重大改造工程（BEPCⅡ）中，攻克了数十项关键技术，共授权发明专利14项，其他知识产权28项。其中，设计研制成功大型超导磁体，并实现探测器系列关键技术突破；实现半整数附近工作点运行，突破双环对撞机设计与建设的难关，攻克系列核心关键技术，解决高流强下的探测器本底和噪声的国际性难题，峰值亮度达到改造前的85倍，是CESRc前世界纪录12倍以上，日均获取数据较改造前约提高两个数量级，实现大能量范围高效运行和高能物理与同步辐射"一机两用"。通过升级改造北京谱仪BESⅢ的总体性能进入国际前列。上海同步辐射光源（SSRF）建设运行过程中自主研发了近百项关键技术，研制成功包括高性能真空内波荡器、高精度数字化电源控制器、数字化高频低电平控制卡、数字化BPM信号处理器、500MHz超导高频腔等关键设备与关键技术，同时，还积极开展基于设施的加速器和同步辐射实验方法学及应用研究，包括恒流注入运行模式运行、轨道快反馈、100nm硬X射线探针的实现、快速低剂量CT成像方法的建立与发展等，为线站向用户稳定、高效开放提供了重要保障。

2. 科研仪器的自主创新取得显著进展

通过科技部、财政部设立的国家重大科学仪器设备开发专项以及国家自然科学基金，设立了科研仪器基础研究专项等计划专项，支持了我国科研仪器的自主研发。其中，国家重大科学仪器设备开发专项截至2014年，共立项208项，总经费为130.51亿元，其中专项经费76.02亿元；覆盖了仪器开发能力强、企业密集的地区。专项实施以来，企业主体地位不断强化，企业牵头项目比例由2011年的24.5%攀升至2014年的93.3%。国家自然科学基金科研仪器基础研究专项（2014年该专项并入国家重大科研仪器设备研制专项）自2003年以来，资助科研仪器研发项目521项，投入42.82亿元。

通过专项的实施，开发了一批重要的通用科学仪器设备，支撑引领科技创新。"新型高分辨杂化质谱仪""X射线三维显微成像检测系统"已被国内外多家高校、院所以及企业试用。"显微光学切片断层成像仪开发应用"成功开发了世界上第一套单分辨全脑三维成像仪器，对我国在脑科学研究领域的发展起到重要的引领和支撑作用。仪器专项自实施以来共申请专利1117项，其中发明专利823项。

打破国外禁运，服务国家安全，支撑国家重大需求。"高精度惯性仪表校准检测装置研制及应用"开发出的精密离心机、"同时分幅/扫描超高速光电摄影系统"开发出与国外先进指标相当的分幅成像和扫描成像仪，打破了国外对相关仪器的禁运。"光纤分布式振动测试仪研制与应用"成果在确保国家信息安全方面提供技术支撑。"激光差动共焦扫描成像与检测仪器研发及其应用研究"成果应用于国家重大专项"极大规模集成电路制造装备及成套工艺"的光刻机物镜加工制造，解决了超高球面镜曲率半径测量难题。

部分项目形成产品，服务于经济、社会和民生发展。根据经济社会发展和民生改善热点，安排部署了一批仪器设备开发项目。如在环境大气监测和大气污染物检测方面，支持了"环境大气中细粒子（$PM_{2.5}$）监测设备开发与应用"项目，开发出具有自主知识产权的颗粒物自动监测仪，已在多家环保监测站应用，销售总额超过4000万元。"核酸自动化定量检测与高分辨分析设备研制与应用"项目开发的核酸提取仪已在我国H7N9禽流感防控方面发挥重大作用。

科技资源调查数据显示，我国大型科学仪器的国产化率逐渐提高。截至2014年，我国科研院所和高校拥有国产大型科研仪器14958台（套），原值225.7亿元，数量占全部仪器的比重为24.4%，原值占全部仪器的比重为 26.0%（图 2-9）。随着我国科学仪器研制能力的提升，国产品牌在部分领域具有了一定的市场占有率。

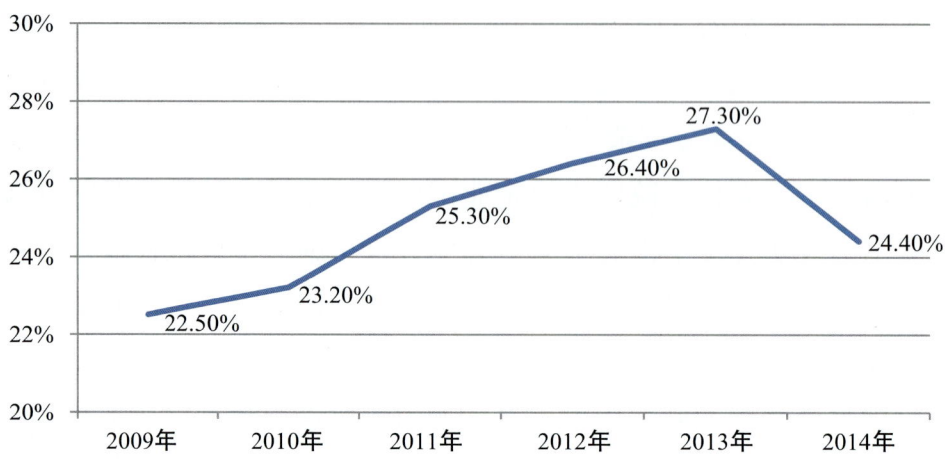

图 2-9　2009—2014 年我国科研院所和高校大型科研仪器国产化率

数据来源：国家科技基础条件资源调查。

但是，还应该看到，总体上，我国自主生产的仪器与国际知名品牌仪器仍有不小差距，我国大型科学仪器配置仍以进口仪器为主，进口国主要为美国、日本、德国、英国等国（图 2-10）。美国国际战略方向公司（Strategic Directions International）出版的分析类仪器行业

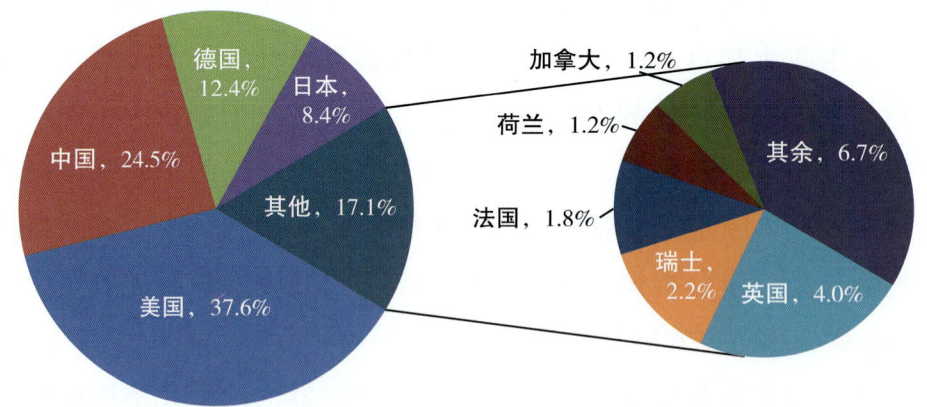

图 2-10　2014 年大型科研仪器设备来源情况

数据来源：国家科技基础条件资源调查。

报告"*Global Assessment Report, 13th Edition*"也显示，我国在科研仪器方面，存在较大的贸易逆差（表 2-19），需要进一步加强对技术研发和产业发展的扶持。

表 2-19 世界各地区分析类仪器贸易差额

单位：万美元

地区名称	国内	进口	出口
北美	10991	5287	12955
欧洲	5246	8655	5571
日本	3783	2202	3416
中国	1200	3079	1493
印度	89	1109	230
亚洲其他国家	201	1781	1057
拉丁美洲	160	1279	66
世界其他国家	165	1533	134

数据来源：美国国际战略方向公司（Strategic Directions International）分析类仪器行业报告"*Global Ass-essment Report, 13th Edition*"。

（二）实验动物、科研用试剂等实验材料的研发取得一系列重要成果

国家通过科技基础性工作专项、科技支撑计划等支持了生物种质和实验材料资源的采集和研制工作。据统计，2006 年以来，科技基础性工作专项共在生物种质资源、人类遗传资源、标本资源调查采集以及标准物质研制等方面支持了 86 个项目，金额合计 6.9 亿元，占总项目数和经费数的 1/3。"十一五"以来，国家科技支撑计划每年列出专项渠道支持实验动物、科研试剂的研发工作，年均经费约为 3 亿元。国家"863"计划、"973"计划、重大专项中也设立了一些支持科研材料资源的研究项目。

此外，农业部、卫生计生委、国家质检总局、国家林业局、国家海洋局等部门还通过行业专项支持了大量生物种质和实验材料资源的采集和研制工作。

1. 实验动物方面

"十二五"以来，开展了一系列的重点研究工作。如重大疾病动物模型和实验动物资源的标准化及评价体系的建立，包括实验动物新品种的种群建立与质量标准化研究、重大疾病动物模型制作与评价体系研究、实验动物质量保证条件和认可评价关键技术研究与示范等。基因工程及特色实验动物模型开发与集成应用示范，包括基因工程小鼠模型新品系的建立、神经和代谢疾病基因工程大鼠模型的建立、重要网络节点基因的动物模型建立及研究、小型猪疾病模型建立以及小型猪新品系培育、心脑血管疾病大鼠模型建立及集成的资源示范基地建设等。如国家遗传工程小鼠资源库搭建了小鼠基因组改造技术平台，利用转基因、基因敲除、基因敲入、ENU等技术开发各种模型。2012年，保存的基因修饰小鼠品种为475种，2016年则达到3448种，其中1300多种品系是该中心自己运用转基因、基因剔除技术和ENU诱变与筛选等方法，为客户建立的糖尿病、心血管疾病和肿瘤等重大疾病模型的相关小鼠品系。武汉大学动物实验中心建立了系统完善的转基因和基因敲除技术平台，主持或合作研发基因敲除与转基因小鼠700多个品系。在遗传修饰大鼠研究方面，达到国际先进水平。此外，还开展了实验用树鼩的标准化研究和人类重大疾病树鼩模型创建与应用集成示范、基因工程大鼠模型的研发与示范、灵长类动物人类重大疾病模型的研究与示范等研究工作。在人类重大疾病基因工程小鼠、非人灵长类等实验动物模型以及长爪沙鼠等特有野生动物实验动物化取得显著进展，为生命科学研究和生物医药产业发展提供重要技术支撑。

经过多年积累，实验动物资源的收集、整合与共享工作成果显著，人类重大疾病动物模型的研究和应用也取得进展，实验动物管理工作在某些方面也有所突破，逐步进入法制化、规范化和科学化的发展轨道。在京、沪等发达地区，实验大小鼠、豚鼠、地鼠、兔和犬等已初步实现了生产规模化、供应社会化。

2. 科研用试剂方面

"十二五"以来，通过"科研用试剂研发与集成示范"等科技计划项目的组织实施，攻克了一批科研用试剂的核心单元物质、关键技术和生产工艺，研发了药品食品对照培养基、高纯有机试剂等一批重要的科研用试剂。

在生化试剂方面，研发用于我国出生人口缺陷检测的"胎儿出生缺陷早期（一期）筛查试剂盒""肿瘤疗效检测试剂盒""血清质谱多肽组学系列检测试剂"等一批具有国际领先水平的具有自主知识产权的创新型生化与分子生物学试剂，完成一批配套核酸与蛋白研究的专用仪器的生化试剂产品，形成专业配套试剂，引领我国生化试剂的发展，对我国的科学研究起到从技术跟踪到技术领先的推进作用。

在分离材料方面，开发分离材料用原料硅烷试剂、新型烷基柱、芳基柱、亲水作用色谱柱、极性修饰柱、手性色谱柱、生物大分子分离色谱柱、开发小粒径超高压液相色谱柱、攻关具有离子交换、正相、反相和混合型的固相萃取材料的键合与生产关键技术，形成生产能力。

在有机试剂方面，研制分子结构新颖的合成中间体、药用辅料、手性糖试剂、同位素标记化合物等，为新医药、新农药创制提供有力的支撑。

通过项目实施，研发生化试剂100种以上，分离材料150种以上，有机高纯试剂22种以上，有机中间体及药用辅料500种以上，标准品和对照品500种以上，产品和技术方法新标准300项，其中进入国家法规的方法或技术标准超过5项；形成试剂研发的示范基地、中试线、生产线，培养一支科研用试剂的研发、质控、生产及管理的人才队伍。

总体上，在国家大力扶持下，国产科研用试剂的产品数量和市场占有率有较大增长。2014年我国企业可以为市场提供的试剂品种的数量超过了10000种，为国外公司数量的8.34%，部分种类国产科研用试剂的国内市场占有率有了较大提升。

第三章
我国科技基础条件资源共享利用

为进一步推动我国科技基础条件资源开放共享工作，近年来，国家以推动大型科研设施与仪器为重点，加强分级分类管理，研究制定了一系列促进科技基础条件资源开放共享的政策与制度，深化科技资源共享平台建设，完善科技基础条件资源开放共享机制，科技资源开放共享水平不断提高，推动科技资源为全社会开放服务，科技资源共享利用取得积极成效。

一、落实国发 70 号文，大力推动科研设施与仪器开放共享

重大科研设施和仪器是我国科技基础条件资源中的重要组成部分，是科技创新活动的重要物质基础。随着我国科技事业的发展，我国科研设施与仪器的数量和质量都有了较大的增长和提升。同时，也带来一些包括科研设施与仪器重复购置，部门化、单位化、个人化倾向，共享利用水平还有待提高等问题。为此，我国出台了一系列促进仪器设施开放共享的政策与制度，推动科研设施与仪器开放共享工作。

2014年，国务院印发《关于国家重大科研基础设施和大型科研仪器向社会开放的意见》（国发〔2014〕70号，以下简称《意见》），提出了一系列推进大型科研仪器开放共享的具体措施，要求利用三年时间，基本建成覆盖各类科研设施与仪器、统一规范、功能强大的专业化、网络化管理服务体系。《意见》发布实施后，各部门、地方政府高度重视《意见》的落实，加强开放共享制度建设，修订完善了近70个关于科研设施与仪器开放共享的政策文件，加大对大型科研仪器开放共享、优化配置与高效利用的推动力度，其中教育部发布了《关于加强高等学校科研基础设施和科研仪器开放共享的指导意见》，北京、江苏、广东等19个省市人民政府出台了促进科研基础设施和大型科研仪器向社会开放的实施意见，为科研设施与仪器开放共享营造了良好的政策环境，大型科学仪器开放共享管理体系进一步完善。

（一）建设科研设施与仪器国家网络管理平台

2014年发布的《意见》对促进大型仪器设备资源共享提出了总体要求、

重点措施及组织进度安排。《意见》明确提出，科技部会同有关部门和地方建立统一开放的国家网络管理平台，并将所有符合条件的科研设施与仪器纳入平台管理。科研设施与仪器管理单位（以下简称"管理单位"）按照统一的标准和规范，建立在线服务平台，公开科研设施与仪器使用办法和使用情况，实时提供在线服务。管理单位的服务平台统一纳入国家网络管理平台，逐步形成跨部门、跨领域、多层次的网络服务体系。目前，国家网络管理平台已经初步建成，有力地推动了重大科研设施与大型仪器的共享利用。

1. 科研设施与仪器国家网络管理平台上线运行

截至2015年年底，统一规范、功能强大的国家网络管理平台已经初步建成。其中，上海、山东、湖北等6个省级仪器服务平台已实现与国家网络管理平台互联对接，中科院、清华大学、中国科技大学等1500家高校和科研院所的在线服务平台已纳入国家网络管理平台。各地方、部门和科研单位纳入国家网络管理平台开放共享的重大科研基础设施有85个，原值50万元以上的大型科研仪器有2.68万台（套）。截至2016年年底，85个重大科研基础设施和4.7万台（套）大型科研仪器已纳入国家网络管理平台，科研设施与仪器的开放率达到71.2%。

2015年以来，各类在线服务平台服务用户超过6.2万个，总服务次数突破130万次。其中，湖北省网络服务平台入网单位359家，入网实验室870个，入网仪器设备7769台（套），相比2014年年初分别增长了353%、153%和233%。截至2015年年底，安徽省科研仪器设施与仪器共享平台入网仪器设备单位达163家，入网仪器设备共1521台（套）。跨部门、跨区域、多层次的科研设施与仪器网络服务体系正在形成。

2. 构建了分层建设、分级管理的网络服务体系

按照《意见》要求，国家网络管理平台建设采取了分层建设、分级

管理、分工负责、各有侧重的建设思路。国家网络管理平台以管理为主，科研设施与仪器管理单位的在线服务平台以服务为主，并通过标准规范整合为一个完整服务体系，形成科技和财政部门统筹、行政主管部门管理、科研设施与仪器管理单位提供具体服务的工作机制，分层建设、分级管理的科研设施与仪器网络服务体系逐步建立。

3. 实现了对科研设施与仪器的全链条管理

国家网络管理平台具有管理评估和预约服务等核心功能，既是面向各行政主管部门的科研设施与仪器管理平台，也是面向全社会科研人员的科研设施与仪器服务平台，能够通过采集分析科研设施与仪器服务数据实现对科研设施与仪器建设购置、运行管理、开放服务、评估考核的全链条管理，能够通过多维度检索预约科研设施与仪器实现对分析测试服务、实验技术服务、人才培训服务以及国产仪器推广服务的全方位支撑。

各级行政主管部门可以通过国家网络管理平台对下属单位科研设施与仪器开放共享状况进行有效的监督和管理，财政、海关等部门也可以通过国家网络管理平台开展科研设施与仪器建设购置评议以及进口免税仪器监管等工作。国家网络管理平台开发团队为31个省（自治区、直辖市）、5个计划单列市、新疆生产建设兵团和32个国务院部门、直属机构以及全国3000多家高校和科研院所建立了管理账户，科研设施与仪器全链条管理的网络体系初步形成。

（二）深化科技基础条件资源调查和大型科研仪器设备购置查重评议

科技基础条件资源调查（以下简称"科技资源调查"）是针对国家重点科技基础条件资源信息开展调查和统计的工作，由科技部、财政部于2008年开始启动的。调查的内容主要包括大型科学仪器设备保有和使用情况、研究实验基地基本情况、生物种质保存机构及其保存的种质资源、科学数据库基本情况等。科技资源调查是科技统计工作的重要补充和有效延展，是支撑科技资源优化配置和开放共享工作的基础性工作。通过对科技资源调查数据进行分析和利用，有利于指导我国科技资源投资和建设，促进科技资源的优化配置和开放共享，提高科技资源的使用效率。

1. 摸清了科研设施与仪器等科技资源开放共享的底数

按照《意见》的统一部署，2015年科技资源调查范围进一步拓展，目前基本涵盖了全国从事自然科学研究的高校和科研院所，以及37家中央企业所属150余家科研机构和建有国家重点实验室、国家工程技术研究中心的企业。针对《意见》提出的全覆盖要求，开展了重大科研基础设施专项调查，掌握了已建和在建的58个重大科研基础设施基本信息，组织各地方和部门对照资产管理台账，核查管理单位漏报瞒报情况。

科技资源调查掌握了6.7万台（套）原值50万元以上的大型科研仪器的详细信息，其中企业的科研仪器6000台（套），明确了应当开放的资源信息。调查结果显示，截至2015年年底，我国投资大于5000万元、开工建设1年以上的重大科技基础设施共58项。其中，44项已建成验收，涵盖了物理、地球、生物、材料等20多个一级学科领域。神光Ⅲ、500米口径球面射电望远镜（FAST）等部分设施性能达到国际先进水平。科研仪器装备水平大幅提高，目前，我国高等学校和科研院所中原值在50万元以上的大型科研仪器设备有6.1万余台（套），原值超过868亿元，与2010年相比分别增加了76.3%、85.4%。

2. 积极开展大型科研仪器设备查重和购置评议

为从建设源头上对大型科学仪器设备购置进行科学的评估，避免仪器设备重复购置，提高科技经费使用效率，自2009年开始，财政部、科技部依据科技资源调查数据库，在国家重点实验室大型仪器设备申购和中央级科学事业单位修缮购置专项、中央财政补贴地方科技基础条件专项、国家科技重大专项等领域试点开展大型仪器设备购置查重评议工作。

查重评议工作几年来取得了明显的成效，特别是《意见》发布以来，进一步完善了大型科研仪器购置查重评议机制，全面开展了科技计划项目新购仪器的查重评议。2009—2014年，对国家重点实验室建设、国家科技重大专项等领域中购置的大型科研仪器进行了查重评议，累计减少重复购置经费达140亿元。按照70号文"对于拟新建设施和新购仪器，应强化查重评议工作"的要求，2015年完善了查重评议工作流程，重点考核新购仪器是否匹配科研单位研究方向、是否有利于支撑保障研究任务，在此基础上，对国家重点实验室建设、国家科技重大专项等申请购置的大型科研仪器进行了查重评议，评议后减少重复购置经费32亿元。

（三）重大科研基础设施服务共享利用成效显著

重大科研基础设施是国家科学技术水平和综合实力的重要体现，中国启动建设以及投入运行的重大科技基础设施，涉及粒子物理与核物理、天文、同步辐射、散裂中子源、遥感、地质、海洋、生态、生物资源、能源和国家安全等众多领域。

1. 基本建立了与国际接轨的开放共享运行机制

重大科研基础设施规模大，投资多，瞄准国际科学前沿和高技术突破的瓶颈。因此，从建设之初就带有公共设施的性质，融入了多方参与、开放共享的建设和运行机制，并通过与国际的密切交流和学习，基本建立了与国际接轨的开放共享管理制度和符合大设施特点的运行机制，普遍实施国内外有关方面参与的理事会和用户委员会管理制度，执行开放透明的机时预约使用和收费制度，与全球一流团队建立合作交流关系，吸引世界优秀人才，共同开展前沿探索和技术突破研发活动。

国家层面大力推动重大科技基础设施的运行和开放共享，建立了有针对性的政策制度。2014年11月，国家发展改革委、财政部、科学技术部、国家自然科学基金委员会联合发布《国家重大科技基础设施管理办法》（以下简称《办法》）。《办法》规定，重大科技基础设施依托单位应做好设施向社会开放、共享共用工作。一是建立向其他单位开放共享的管理制度，积极承担国家有关部门下达的任务；二是参照国内外同类设施的开放共享标准，建立公开、公平、开放的设施使用申请管理制度，定期召开用户年会；建立用户意见反馈机制，完善用户服务、满足用户需求；三是向社会发布设施技术指标、运行计划等信息，并为用户提供技术支持及必要的工作条件；四是在确保国家安全和保护知识产权的前提下，最大限度地实现科学数据共享；五是积极开展国际科技合作和交流，参与重大国际科技合作计划；六是承担青少年和社会公众科普等社会责任，每年向社会公众开放时间不少于10天。

国家自然科学基金委和中国科学院于2009年联合设立大科学装置科学研究联合基金，双方共同出资，纳入国家自然科学基金管理。联合基金依托于中科院承建并运行北京正负电子对撞机及北京同步辐射装置、兰州重离子加速器及冷却储存环装置、上海光源装置和合肥同步辐射装置等4个大装置。通过基金的设立，发挥国家自然科学基金评审、资助和管理系统的优势，发挥重大科技基础设施开放共享效益，推进前沿科学领域、多学科交叉领域创新型研究。

中科院是国家重大科技基础设施的主要承担单位，全国2/3的重大科技基础设施由中科院管理，包括北京正负电子对撞机、合肥同步辐射装置、上海光源、兰州重离子加速器、大亚湾中微子实验等。中国科学院建立了重大科技基础设施共享服务平台，通过信息化手段将中科院所有重大科技基础设施的开放共享流程管理、开放数据资源管理、成果产出管理纳入其中，并结合科普宣传，提升设施开放共享的公众影响力，挖掘优质资源，培养潜在用户。通过信息系统与开放共享管理制度的有效融合，在提高开放共享效率的同时，也极大地促进开放共享制度的完善。

为了更好地促进重大科研基础设施对外开放共享，相关设施管理单位还制定专门的规章制度，科学有效地利用基础设施，确保设施开放共享效果。一是建立开放共享计划评估机制，重大科研基础设施多设有管理委员会、科技委员会和用户委员会。通过委员会方式提前制订设施的使用年度计划，解决工作中遇到的技术难题，对要开展的课题和使用方进行预先的评估审核，方案经专家论证会论证后方可实施。二是建立协同化网络工作平台，将设施重要使用文件、规章制度、数据资料等进行发布，成立专门的用户支持机构，向用户提供各种信息和科学支持。三是建立标准化质量考核制度，保证运行质量和成果产出效率。例如，同济大学制定了《同济大学上海地面交通工具风洞中心大型仪器设备开放共享管理办法》，对大型仪器设备的管理使用情况进行年度效益综合考核评价，考核优秀并取得突出成绩的团队和个人，风洞中心给予表彰和奖励，并在后续开放共享等方面给予政策倾斜；考核不合格者，将采取减少经费投入或进行设备调拨等措施，推动设施的开放运行。

2. 有效支撑前沿科学探索和技术突破

调查显示，目前我国已建设的重大科研基础设施中有 27 个设施有开放共享网站，占比 34.62%。近年来，部分重大科研基础设施在开放共享和服务方面进行了有效的探索，通过开放共享促进了研究成果高效产出，支撑了重大科技创新活动。

利用设施进行科研活动的用户主要包括大学和研究所，除此之外，政府机构和企业也占有一定比例。以北京正负电子对撞机等 7 个运行良好的重大科研基础设施为例，2014 年用户数共计 807 个，其中国内用户 779 个，国外用户 28 个（表 3-1）。

表 3-1 2014 年部分重大科研基础设施用户情况

单位：个

设施	用户总数	国内	国外	其中				
				大学	研究所	政府机构	企业	其他
北京正负电子对撞机	141	135	6	76	35	9	—	21
兰州重离子研究装置	68	66	2	16	45	—	5	2
遥感飞机	7	7	—	—	4	2	1	—
神光Ⅱ	11	9	2	3	8	—	—	—
上海光源	201	190	11	106	70	1	18	6
"实验1号"科学考察船	16	16	—	7	5	2	1	1
子午工程	363	356	7	174	161	17	5	6
合计	807	779	28	382	328	31	30	36

时间基准保持系统和长短波授时发播系统均实行全年 24 小时连续运行，并向用户提供开放服务。2014 年，BPL 长波授时台共发播 8740.7 小时；BPM 短波授时台 4 种频率共发播 26824 小时，全面完成国家授时任务；国家蛋白质科学设施（上海）自 2014 年开放试运行至今，其蛋白质专用线站共服务科研课题 1300 余个，提供服务机时 18.47 万小时，服务对象包括高校院所、国内外医药企业等 200 多家单位，还吸引了大量国外科学家前来开展科学研究。用户使用上海设施的设备和服务取得了一系列重要成果，有多项研究成果发表在 *Nature*、*PNAS* 等高水平学术刊物上。2015 年，清华大学施一公团队连续两篇论文登上美国《科学》杂志，蛋白质科学设施为该团队提供了相关检测和实验服务。

依托大科学装置开展的基础研究和高技术研发，取得了一大批具有国际影响的重大成果，产出了一系列在国际上颇具影响力的高水平科技成果。在前沿科学研究和众多领域研究中做出了重要贡献，推动我国粒子物理、核物理、生命科学等领域部分前沿方向的科研水平进入国际先进行列。北京正负电子对撞机使我国在 τ–粲物理实验领域处于国际领先地位，其亮度是美国康奈尔大学对撞机（CESR）亮度的7倍。兰州重离子研究装置合成了11种近滴线稀土新核素，核素质量测量精度达到10^{-6}量级，进入国际先进行列。全超导托卡马克实验装置在国际上首次获得分钟量级的非圆偏滤器位形下高参数长脉冲等离子体。

来自国内和国际的用户利用设施开展科学研究活动，取得突出的成果。2014年5月18日，清华大学医学院教授颜宁研究组在《自然》在线发表了题为"Crystal structure of the human glucose transporter GLUT1"的研究论文，课题组利用上海光源生物大分子晶体学线站（BL17U1）解析了GLUT1的三维晶体结构，在世界上首次报道了人源葡萄糖转运蛋白GLUT1的晶体结构，初步揭示其工作机制以及相关疾病的致病机理。该成果受到国际学术界的广泛关注和高度评价，并被充分肯定为一项"具有里程碑意义"的重大科学成就。

3. 服务社会和产业发展作用日益显现

重大科研基础设施的运行和开放服务有效带动了相关科研院所、高校和企业的发展，促进了相关高新技术和高技术产业的发展。例如，在北京正负电子对撞机重大改造工程建设所掌握的低温超导技术、探测器技术、电子学技术和核分析技术等，成功研制了超导除铁器、正电子发射乳腺癌诊断断层扫描仪、X射线工业CT和高性能动物正电子发射断层扫描仪，部分已进入工业实用阶段。依托神光高功率激光实验装置，上海市已形成区域光学元件加工产业链，年产值达2亿~3亿元。这些高新技术的突破和科技成果的转化，充分显示了重大科研基础设施的社会效益和经济效益。

上海同济大学汽车风洞中心承担上海大众、上汽、上汽商用车、泛亚、一汽技术中心、长安福特、吉利汽车、北汽股份、青岛四方、长春客车等企业空气动力学、气动声学、热管理测试研发和数值风洞研究课题。服务对象涵盖我国主要汽车整车企业和高铁企业。风洞中心建成以来，积极推进国内汽车技术进步和自主研发能力的提升，国内的汽车企业，如上汽、长安、奇瑞、广汽、北汽、吉利等均能在国内完成汽车造型设计、样车制造、优化和验证试验，为我国汽车产业的发展以及节能减排等发挥了积极作用。

另外，我国重大科研基础设施有效保障了国家安全和社会发展。依托设施解决了一批关乎国计民生和国家安全的重大科技问题，在载人航天、资源勘探、防灾减灾和生物多样性保护等方面发挥着不可替代的作用。面对重大灾害的发生，遥感飞机和中国遥感卫星地面站发挥着重要的作用，能以最快速度在最短时间内响应，为抗震救灾等决策和指挥提供高质量灾情分析报告。长短波授时系统时间基准始终保持国际先进水平，为国民经济发展、国防建设、国家安全等诸多领域提供国家标准时间和标准频率服务，多次承担火箭、卫星发射等授时保障任务。

4. 增强了我国科学研究在国际上的话语权

重大科研基础设施开放共享，为国内外学者提供了科研活动的基础条件，同时吸引了大批国外的优秀学者，形成了广泛的学术交流，成为了解最新科技动态的窗口，推动了我国科技国际合作水平的提升。

作为国际上最重要的核聚变研究平台之一，全超导托卡马克核聚变实验装置（EAST）与美、俄、法、日、韩、德、英、丹以及ITER等世界主要聚变国家或组织一直保持良好的合作关系，并被美国能源部列为合作的首选装置。EAST为中外等离子体物理与聚变科学家提供了良好的研究平台，目前，每年均有数百人次的外国科学家直接参与实验研究。这些科研基础设施实力的增强，也进一步提升了我国科学研究在国际上的话语权。

（四）大型科研仪器开放共享取得积极进展

近年来，随着（国发〔2014〕70号，以下简称《意见》）的实施，我国大型科研仪器对外开放水平不断提高，仪器管理单位对外服务能力不断提升。

1. 促进仪器开放共享的激励引导机制不断创新

建立激励引导机制是促进仪器开放共享的必要条件。为了进一步促进大型科研仪器的开放共享，财政部、科技部按照《国务院关于国家重大科研基础设施和大型科研仪器向社会开放的意见》要求，建立了考核评价和后补助机制，相关地方也在积极完善考核评估和后补助激励机制引导仪器开放共享，各地方和部门积极建立评价体系和绩效考核制度。据调研，湖北、江苏、重庆等10个省市建立了科研设施与仪器开放共享评价考核和后补助机制。

各地方在贯彻落实《意见》过程中，结合地方实际，完善针对仪器共享供需双方"后补助"的长效激励机制，纷纷推出了本地的创新券政策，引导科研仪器设施等科技资源开放共享，推进大众创业万众创新。截至2015年，已有9个省（自治区、直辖市）实施创新券政策，并且出台了专门的政策制度，推进创新券实施，充分调动各方的主动性和积极性，推进科研仪器对外开放，不断提高资源利用率。

相关地方积极探索了对仪器开放共享的市场化运作，借助各类载体，不断创新管理机制，取得了很好的成效。北京市以"首都科技条件平台区域合作站"为切入点，充分发挥第三方专业服务机构作用，探索平台服务的商业模式创新，推动首都科技资源与区域科技创新需求有效对接。上海作为开放共享工作的试点，正在运用"互联网＋大型仪器共享＋创新券"模式，最大限度地保障大型科研仪器向社会开放共享，通过探索制度创新和市场化运营机制，让它们更好地为科技创新服务、为社会服务。

> **专栏：上海市创新模式推进科研仪器共享**
>
> 上海市运用"互联网＋大型仪器共享＋创新券"模式，以牵翼网为载体，积极探索大型仪器共享、创新券奖补政策与市场化电子商务平台结合的模式，实现了科研设施与仪器全流程、一体化的服务功能。积极探索大型仪器共享、科技创新券奖补政策与市场化电子商务平台结合的模式，真正建立了覆盖"检索、咨询、下单交易、物流（样品、报告）、评价、科技券补贴、实时数据分析"全流程的科技服务互联网平台，有效提高了供需双方的对接效率，大幅降低了开放共享的成本，提升科技服务机构的信息化、标准化服务水平，提高科技政策实施效率。

中科院对科研设施与大型仪器区域中心的开放运行情况进行考核评价，重点考核科研设施与仪器的运行管理、开放程度和开放水平等内容，根据考核情况适当给予一定的补贴。中科院以共享平台为基础，每年对各中心仪器运行情况进行考核评估，主要以中科院共享系统中的仪器设备使用及共享机时数据为测算基础，重点考核仪器运行的使用率、共享率等指标，根据考核情况适当给予中心一定的补贴，主要用于仪器日常运行维护等，部分统筹经费用于维持管委会的日常运作、召开管委会及办公室会议、开展规划/评估、举行公共技术培训、优秀管理员评比奖励等相关必要支出以及中心统筹调配。奖励金额依据每单台（套）仪器对外服务次数、机时数、样品数、服务收入、社会效益等核定。并规定共享服务奖励资金，应用于共享大型科学仪器设施的运行维护、服务信息完善、技术支撑及管理人员的培训与补贴。

2. 科研仪器设备开放率大幅增加

根据科技基础条件资源调查结果，2008—2014年我国向资源管理单位外部人员进行开放的大型科研仪器数量由 8442 台（套）增加到 33672 台（套），在资源管理单位不同部门之间进行共享的仪器数量由 10279 台（套）增加到 20617 台（套）（图 3-1）。

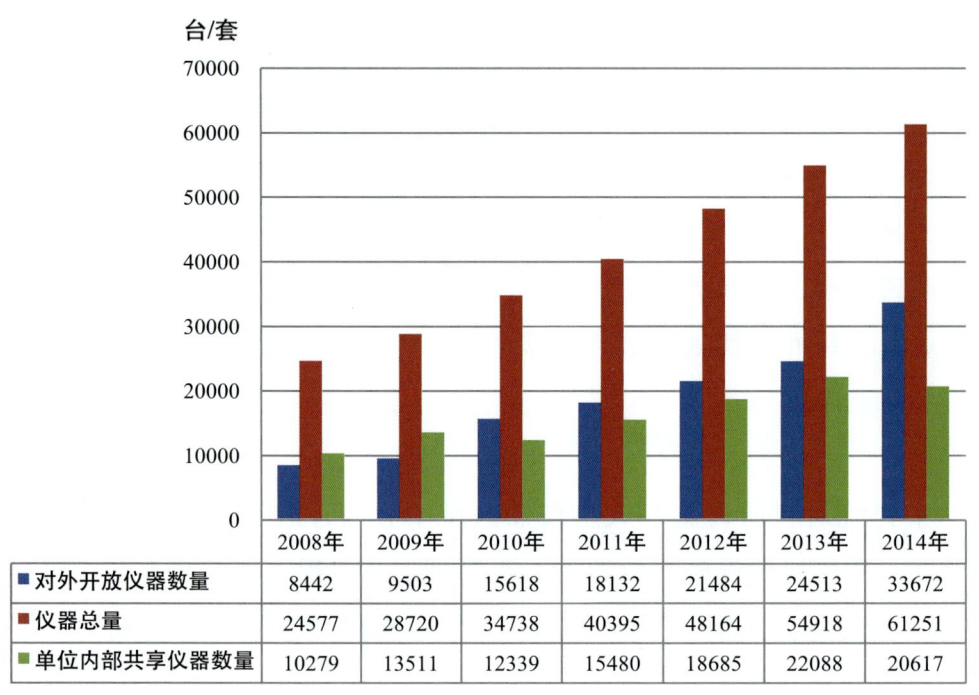

	2008年	2009年	2010年	2011年	2012年	2013年	2014年
对外开放仪器数量	8442	9503	15618	18132	21484	24513	33672
仪器总量	24577	28720	34738	40395	48164	54918	61251
单位内部共享仪器数量	10279	13511	12339	15480	18685	22088	20617

图 3-1　2008—2014 年大型科研仪器开放共享情况

调查显示，大型科研仪器共享率，尤其是对外共享率有了很大的提高。2008—2014 年，实现开放共享的大型科研仪器的数量由 1.9 万余台（套）增加到 5.4 万台（套），大型科研仪器开放率[①]由 76.2% 提高至 88.6%。截至 2014 年年底，实现对外开放共享的大型科研仪器数量为 3.4 万台（套），对外开放率[②]为 55.0%。

---

① 开放率是指参与开放共享的大型科学仪器设备占全部大型科学仪器设备数量的比率，计算公式为开放率 =（外部共享仪器数量＋内部共享仪器数量）/ 仪器总数量。
② 对外开放率是指参与对外开放共享的大型科研仪器设备占全部大型科学仪器设备数量的比率，计算公式为对外开放率 = 外部共享仪器数量 / 仪器总数量。

3. 大型科研仪器利用率和对外服务率稳步增长

调查数据显示，大型科研设施与仪器服务机时不断增长。从大型科研仪器平均工作机时看，2009—2014年，我国大型科研仪器年均工作机时从1616小时/台（套）增加至2014年1762小时/台（套），年均增长1.7%。其中对外服务机时由387小时/台（套）增加至2014年472小时/台（套）（图3-2）。

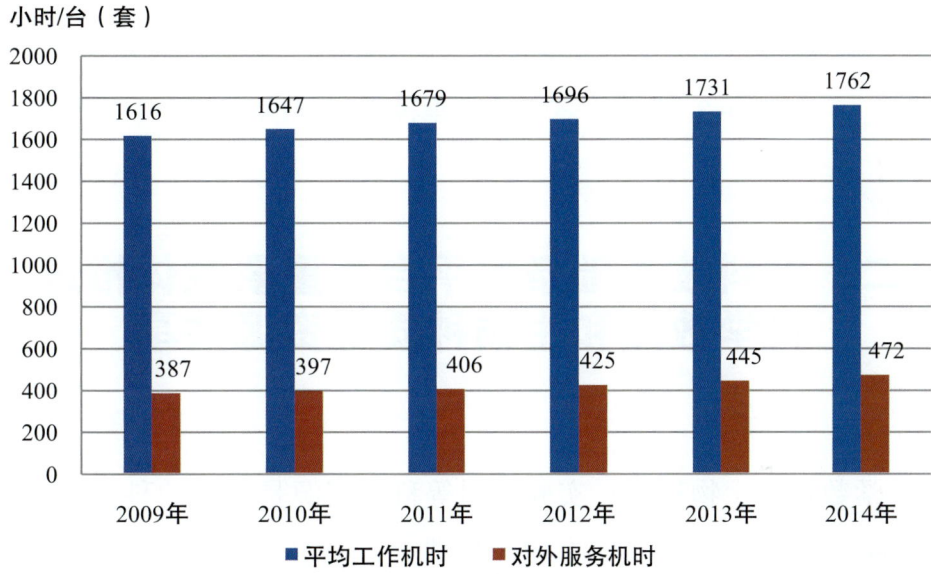

图3-2　2009—2014年大型科研仪器平均工作机时和对外服务机时

从工作机时角度考察对外开放和服务程度，我国大型科研仪器利用率[1]不断提升，对外服务率[2]从2009年的24.2%增加到2014年的29.5%（图3-3），大型科研仪器将近1/3的运行时间支撑本单位以外的科研活动。

---

[1] 利用率是指全部单台（套）设备利用率按原值占比加权的平均值，体现了全部设备总体利用程度。其中，单台（套）设备利用率是指设备年有效工作机时与年额定工作机时（1600小时）的比例。

[2] 科研仪器对外服务率是指全部单台（套）设备对外服务率按原值占比加权的平均值，体现了全部设备总体对外服务水平。其中，单台（套）设备对外服务率是指设备年对外服务机时与年额定工作机时（1600小时）的比例。

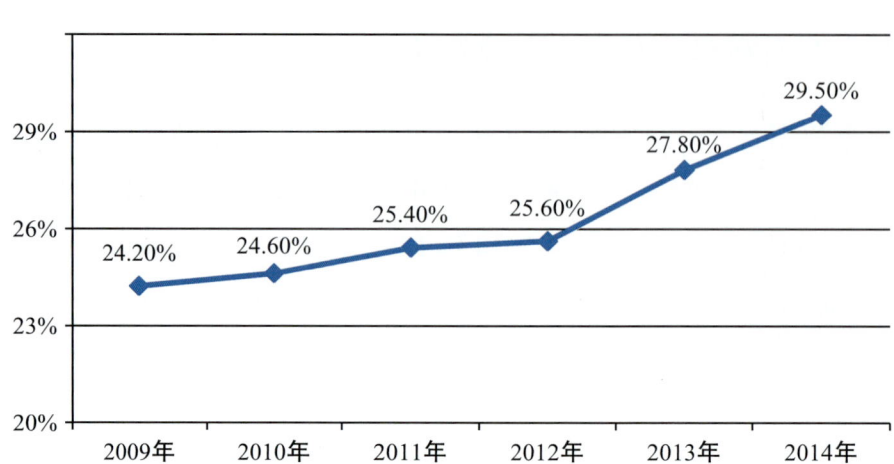

图 3-3 2009—2014 年大型科研仪器对外服务率

二、以科技基础条件平台为重要载体推进科学数据和生物种质等资源共享

科学数据、生物种质、实验材料等科技资源是重要的科技基础条件资源。我国在科学数据共享工程等基础上，探索推进国家科技基础条件平台建设，以整合存量、调配增量为原则，对科技资源进行集聚整合、战略重组和系统优化，在科学数据、生物种质、实验材料等领域相继建成了一批国家科技基础条件平台。近年来，以国家科技基础条件平台为重要载体，科学数据、生物种质与实验材料等共享机制、共享网络体系等进一步优化，共享服务的广度和深度不断拓展，为全社会科技创新提供了有效的支撑与服务，促进了科技资源的整合、优化配置和有效利用。

（一）跨部门集成科学数据和生物种质等科技资源

1. 推动国家科技基础条件平台建设

"十一五"期间，针对研究实验基地和大型科学仪器设备、自然科技资源、科学数据、科技文献、科技成果转化、网络科技环境等六大类共享平台，我国启动了42个平台建设项目，中央财政累计投入科技平台建设专项经费约为29.1亿元，地方、部门配套经费约为3.75亿元，跨部门整合了相关领域科技资源管理单位的科技资源。2011年，科技部、财政部认定了23个国家科技基础条件平台（表3-2），面向社会开通了中国科技资源共享网，初步建立起跨部门、跨区域、多层次的资源整合与共享网络体系，重点科技资源的物质与信息保障系统基本形成。

表3-2　23个国家科技基础条件平台

序号	平台申报名称	依托单位	主管部门
1	国家生态系统观测研究网络	中国科学院地理科学与资源研究所	中国科学院
2	国家材料环境腐蚀野外科学观测研究平台	北京科技大学	教育部
3	国家计量基标准（物理部分）资源共享基地	中国计量科学研究院	国家质量监督检验检疫总局
4	中国应急分析测试平台	钢铁研究总院	国务院国资委
5	北京离子探针中心	中国地质科学院地质研究所	国土资源部
6	国家大型科学仪器中心	中国科学院化学研究所	中国科学院
7	国家农作物种质资源平台	中国农业科学院作物科学研究所	农业部
8	国家微生物资源平台	中国农业科学院农业资源与农业区划研究所	农业部
9	国家标准物质资源共享平台	中国计量科学研究院	国家质量监督检验检疫总局
10	标本资源共享平台	中国科学院植物研究所	中国科学院
11	国家实验细胞资源共享平台	中国医学科学院基础医学研究所	卫生部

续表

序号	平台申报名称	依托单位	主管部门
12	水产种质资源平台	中国水产科学研究院	农业部
13	国家林木（含竹藤花卉）种质资源平台	中国林业科学研究院	国家林业局
14	家养动物种质资源平台	中国农业科学院北京畜牧兽医研究所	农业部
15	林业科学数据平台	中国林业科学研究院	国家林业局
16	地球系统科学数据共享平台	中国科学院地理科学与资源研究所	中国科学院
17	人口与健康科学数据共享平台	中国医学科学院	卫生部
18	农业科学数据共享中心	中国农业科学院农业信息研究所	农业部
19	地震科学数据共享中心	中国地震台网中心	中国地震局
20	气象科学数据共享中心	国家气象信息中心	中国气象局
21	科技文献共享平台	国家科技图书文献中心	科技部
22	国家标准文献共享服务平台	中国标准化研究院	国家质量监督检验检疫总局
23	中国数字科技馆	中国科学技术馆	中国科学技术协会

截至 2015 年，国家科技基础条件平台共整合参建单位 708 家，包括各级各类科研院所 574 家、高校 99 所和部分企业。涉及教育部、卫计委、农业部、中科院、国家质检总局、国家林业局等 20 余个部门、地方和企事业单位，分布在全国 31 个省（自治区、直辖市）（表 3-3）。

表 3-3 参建单位隶属情况

部门	参建单位数量	部门	参建单位数量
教育部	29	国土资源部	32
中国科学院	108	中央民委	6
林业局	58	解放军总后勤部	10
质检总局	75	水利部	7
农业部	54	食药监局	2
气象局	40	国务院侨务办公室	2
中国科协	39	工信部	2
卫计委	22	文化部	1
国资委	34	机械工业联合会	1
环保部	1	各省市人民政府	155
地震局	11	其他	18
科技部	1	合计	708

2. 集成大量科学数据、生物种质等科技资源

据不完全统计，国家科技基础条件平台已整合农业、气象、地震、人口健康、海洋、交通、先进制造等领域 32 大类科技资源数据库至少 5 万余个，数据总量超过 700TB；如地震科学数据平台已经整合形成了 100 多个覆盖多学科、多门类的地震数据集，提供包括地震观测数据、地震探测、地震调查（考察）、地震试验与实验、地震专题、防震减灾类数据及其他地震科学数据共 7 个大类、41 个中类、284 个小类数据，涵盖了地震方面主要科学数据资源。

在生物种质和实验材料领域，通过平台建设，在生物种质资源领域建设了植物、动物、微生物菌种、人类遗传资源等领域整合和完善国家种质资源库，按照统一规范的要求，提高了资源加工、利用的数

字化水平，完善了信息化、网络化的服务体系，推进资源开放共享和综合利用，形成体现区域特色、质量稳定、库藏不断增加、保存和利用水平持续提高的生物种质资源共享服务体系。目前已整合农作物种质、微生物菌种、标本、林木种质、标准物质、水产种质、实验细胞、家养动物种质等资源超过1000万份；整合各类野外观测研究实验台站83个，样地及实验试验场近700万平方米，各类材料产品及构件试样超过12万件。

> **专栏：国家实验细胞资源共享平台**
>
> 　　国家实验细胞资源共享平台由跨部门、跨领域，分布在全国长期从事实验细胞资源保藏的核心骨干单位组成，从建设之初到2014年，平台已经整合了全国本领域经标准化整理合格的人和动物的细胞资源2158余株系，包括肿瘤细胞、正常细胞、杂交瘤细胞、转基因细胞、生产检定用细胞及用于医学和生命科学研究的多种工具细胞、工程细胞等；保藏资源4254余株系，约占国内实验细胞总量（约6200株系）的68.6%以上。同时，平台对整合的细胞进行了扩增备份，每株系5~100份，总计50000余份。

3. 采取"后补助"机制推动平台共享服务

近年来，国家科技基础条件平台绩效考核制度与运行服务管理不断完善，通过引入第三方用户评价和在线服务网络测评等考核评价手段，将用户评价作为服务的重要指标，按照平台对外开展服务的数量和质量，给予财政经费补助和支持。2013年科技部、财政部联合印发《国家科技计划及专项资金后补助管理规定》，明确对国家科技基础条件共享服务平台的绩效考核和后补助机制。"十二五"期间财政后补助经费共计达到13.33亿元，有效推动了平台共享服务工作，成效显著。

（二）科学数据资源共享服务能力逐步增强

近年来，我国加强科学数据资源共享工作，不断整合离散的海量科学数据资源，建立健全数据资源的共享管理机制，发挥和充分挖掘科学数据的创新价值，在科学数据的共享服务方面的能力逐步增强。2015年国务院发布《促进大数据发展行动纲要》，对推动科学数据共享和服务工作提出明确方向和要求，科技部、教育部、中科院等部门联合制定方案，落实科学数据共享服务、基础设施建设等工作任务。

1. 科学数据共享平台深化数据挖掘和专题服务

科学数据平台是科学数据及相关科技信息汇集、存储、管理、集成、加工、利用，并提供共享服务的基地，是最基础的科技基础设施。数据平台在国际上亦被称为数据银行（DataBank），受到各国的高度重视。优势的数据平台将成为吸纳本国乃至全球数据资源的聚宝盆，是支撑科技创新发展的不竭的、畅通的、高质量的源泉，进而显著影响到国家的科技创新水平。

我国自2001年启动科学数据共享工程，在气象、资源环境、农业、人口与健康、基础与前沿等领域共24个部门开展了科学数据共享工作。迄今为止，科学数据共享的理念已经在科技界得到广泛认可，形成了共享氛围和服务意识，逐渐改变我国科学数据封闭独享的局面，带动了跨行业的数据交换，在科技界乃至国内外产生了较大的影响。在科学数据共享工程基础上，科技部、财政部等有关部门于2004年启动的国家科技基础条件共享平台专项是在国家层面上推动科学数据共享服务最重要的一项工作。截至2015年已在6个领域支持建成了科学数据共享平台（表3-4），包括百余家参建单位，分布在全国31个省份，为科技创新和经济社会发展提供大量数据服务，已成为相关领域科学数据共享的重要机构。

表 3-4 国家科学数据共享服务平台

序号	平台名称	依托单位	主管部门
1	林业科学数据平台	中国林业科学研究院	林业局
2	地球系统科学数据共享平台	中国科学院地理科学与资源研究所	中科院
3	人口与健康科学数据共享平台	中国医学科学院	卫生计生委
4	农业科学数据共享中心	中国农业科学院农业信息研究所	农业部
5	地震科学数据共享中心	中国地震台网中心	地震局
6	气象科学数据共享中心	国家气象信息中心	气象局

国家科技基础条件平台在开展资源提供、测试服务、业务培训等常规服务的基础上，充分发挥资源整合和协同的优势，瞄准国家战略发展重大需求，深化科技资源加工和数据挖掘，开展了一系列专业化、知识化的资源服务和联合专题服务。在科学数据资源服务方面，依托科学数据平台，科学数据服务手段呈现多样化趋势。除传统的在线、离线数据下载服务外，部分数据机构积极面向科技创新和民生发展具体需求，研制形成了一批有针对性的科学数据产品。如国家卫星气象中心面向国家基础科学研究和产业化应用，推出气象环境卫星遥感数据产品的管理和发布系统，以国家卫星气象中心现有的数据管理与发布系统为基础，针对应急需要的特点，设计实现相关管理与发布流程、数据管理规范、应急数据产品内容、数据发布系统。

同时，面向国家重大战略需求，科学数据资源单位主动开展专题服务，如国家地球系统科学数据平台、国家林业科学数据平台、国家农业科学数据平台联合起来，面向国家粮食安全和生态安全的战略需求，整合东北区域与粮食生产和黑土资源保护有关的科学数据，通过"数据-技术系统-培训咨询"相结合的服务模式，为东北黑土区水土流失综合治理提供了有效的支撑服务。

2. 建成一批具有领域资源优势的科学数据中心

随着我国科学数据管理工作不断推进，多个科学数据中心（库）的数据质量和国际知名度有了明显提高，部分数据集进一步扩展，国际影响力持续增强。

如在地球科学领域，依托中国科学院寒区旱区环境与工程研究所在原世界数据中心兰州冰川冻土学科中心和其他数据中心建立的科学数据中心 CARD（Cold and Arid Regions Science Data Center at Lanzhou），2014 年成为 Scientific Data（Nature 出版集团推出的开放期刊）在国内资源环境领域的候选数据库。同时，CARD 和汤森路透合作，成为 DCI 的数据源，在 CARD 发布的高质量科学数据目前已成功被 DCI 索引，进一步提升了数据以及数据中心的知名度。目前 CARD 对外发布 1500 余条中文数据集，400 余条英文数据集，数据总量约 7 TB，其中注册 DOI 700 余条，DCI 索引了约 260 条。数据共被约 7000 人下载了 30000 次，被 1350 余篇文献进行了 5000 余次引用。

在生命信息领域，北京大学生物信息中心（CBI）成立于 1997 年，拥有强大的计算机硬件资源和丰富的软件资源以及一个分子生物学实验室。作为欧洲分子生物学网络 (European Molecular Biology Network, EMBNet) 的中国官方节点，将国外著名生物信息中心的信息资源移植到本地服务器，以提高国内用户的访问效率。在过去的 10 年中，CBI 一直维护着国内最大的生物信息在线资源，为广大中国用户提供各类生物信息学资源在线服务。非编码 RNA（ncRNA）数据库收集了类型广泛的非编码 RNA，成为我国具有国际影响力的基础医学研究领域数据库，每年国内外用户访问人次达数十万。因为 NONCODE 数据库在 ncRNA 研究中的突出作用，"Science"杂志曾推荐此数据库，并给予了较高的评价。这是迄今唯一得到此殊誉的中国生物医学数据库。

在遥感领域，国家综合地球观测数据共享平台集成了国家遥感中心下属的不同研究分部的共享数据,包括国内国外的卫星遥感数据、部分科学研究数据等。卫星导航全球连续监测评估系统(IGMAS)数据中心是我国首个军民两用卫星导航全球连续监测评估系统数据中心,2015年3月在国防科技大学正式投入运行。该中心目前拥有200TB的数据存储容量,在线数据存储能力达到15年以上,到2020年我国北斗卫星实现全球覆盖能力时,实现所有数据的永久存储,将中心建设成集任务职能、科学研究、人才培养于一体的综合性平台。

同时,与国外发达国家相比,我国相关重点领域内的数据中心在国际范围内的影响力还不高。图3-4是各国科学数据中心的平均链接数对比,可以看出我国重点领域内数据中心在国际范围内的影响力较低,各国的平均链接数为14201个,我国较世界平均水平仍有较大差距。当然,为兼顾公平公正的原则,在评估各国数据中心时测试的均是网站的英文版本,受语言限制会影响中国、日本、俄罗斯等国的评估结果,但这从另一方面表明,我国的科学数据中心建设还需更加注重国际间的交流合作。

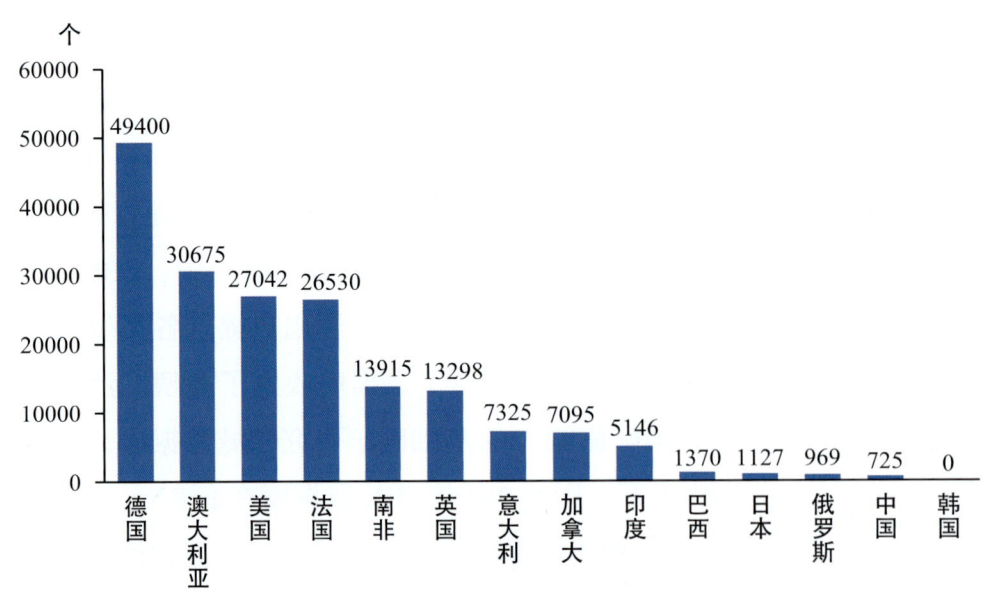

图3-4 主要国家科学数据中心的平均链接数对比

数据来源:DCI 数据库。

3. 科学数据国际共享合作成效显著

科学数据资源是信息时代传播速度最快、影响面最广、开放利用潜力最大的科技资源，但其潜在价值和可开发价值只有在广泛的应用过程中才得以展现。在国际科学数据跨越国界共享的大环境中，我国在科学数据方面开展的国际合作日益密切，科学数据的国际开放度越来越高，我国正积极推动自有科学数据走出实验室，走向世界，同时将国际优质科学数据资源引入国内。

随着我国科学数据开放共享工作不断推进，国际间的交流与合作日益频繁，我国在科学数据工作方面的国际影响力持续提升，我国国际数据获取和交换能力得到长足发展。如国际空间天气子午圈计划，我国与俄罗斯、澳大利亚、加拿大、美国、巴西等国在120°E+60°W子午线附近的近百个监测台站进行合作，共同对子午线附近空间环境进行监测，实现日夜24小时、全球纬度的同时观测，开展太阳剧烈活动对地球空间环境影响的研究。2015年国际科学联合会（ICSU）、国际科学院联盟（IAP）、第三世界科学院（TWAS）和国际社会科学委员会（ISSC）四大国际主要科学组织共同发起一项名为"在大数据时代开放数据"的行动并发布宣言，宣言中集聚了南美洲、非洲和亚洲等全球数据开放的部分倡议和成功案例，我国国家科技基础条件平台作为数据开放的典型案例被列为其中。

国际科学联合会（International Council of Scientific Unions，ICSU）是科学界最具有权威和代表性的非政府国际组织。该组织下设有世界数据系统（WDS）和科学技术数据委员会（CODATA）两大数据组织。我国是两大组织的正式会员。截至2015年6月，WDS已发展到91个成员组织，包括59个正式成员、10个网络成员、4个合作伙伴、18个协作成员。CODATA通过每两年召开一次国际学术会议、专题任务组、各种出版物等来开展活动，促进了科学数据前沿研究、评价、传播与应用等。2015年8月CODATA中国全国委员会在甘肃成功举办了科学数据大会，会议主题为"数据、科学与丝绸之路经济带"。

国际研究数据联盟（Research Data Alliance，RDA）于 2013 年 3 月在瑞典哥德堡正式启动，该组织致力于推动全球数据驱动创新与发展，每年两次全会促进全球研究数据共享与交换。截至 2015 年，RDA 已建立了 70 余个工作组和兴趣组，已在数据引用、永久标识、元数据、数据分类编码、数据互操作等领域取得进展。我国科学家牵头或参与 RDA 多个工作组，紧密跟踪相关工作进展。

同时，从国际层面看，我国科学数据资源生产的国际合作水平还有提升空间，重点科学数据共享网站的影响力还不够高，科学数据出版水平与国际发达国家相比还存在较大差距。图 3-5 是各国科学数据论文的发表情况对比，中国学者在上述国际重要数据期刊发表的数据论文共计 66 篇，仅次于美国（265 篇）、英国（107 篇）和德国（88 篇），且这一数据还未包括中国学者在国内数据期刊上的发布数量。可见国内学者已经逐渐意识到并且愿意将研究数据发布出来。国内数据出版期刊的建设工作仍处在摸索阶段，虽然我们并未将国内数据期刊纳入统计范畴，但我国的数据期刊建设工作已初见成效。

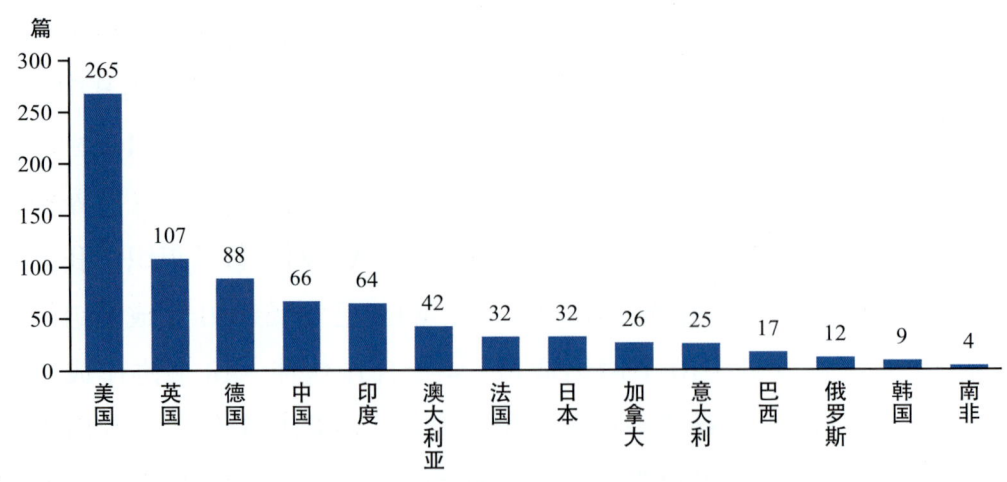

图 3-5　主要国家科学数据论文的发表情况对比

数据来源：WOS 数据库。

（三）生物种质资源保藏和共享体系基本建立

生物种质和实验材料资源的保藏和共享利用工作是国家科技资源共享工作的重要组成部分。经过多年的发展，我国生物种质资源保护与利用的政策法规体系不断完善，建成一批重要资源保藏库馆，保藏和共享体系进一步完善，资源保障和共享服务能力大幅提升。

1. 生物种质资源保藏体系不断完善

国家科技基础条件平台专项建设以来，我国加大生物种质资源保藏和共享体系建设，推进生物种质资源开放共享。资源调查数据显示，目前我国拥有从事生物种质资源收集、整理、保存、共享和利用的机构有1500多家。我国共建有181个国家级生物种质资源保存机构，其中包括107个植物种质资源保存机构，47个动物种质资源保存机构和27个微生物种质资源保存机构。

生物种质资源的收集保存和共享利用工作取得了长足发展，在生物种质资源植物、动物、微生物菌种、人类遗传资源等领域，整合和完善国家种质资源库，按照统一规范的要求，提高资源加工、利用的数字化水平和管理水平，完善信息化、网络化的服务体系，推进资源开放共享和综合利用，形成体现区域特色、质量稳定、库藏不断增加、保存和利用水平持续提高的生物种质资源共享服务体系。

植物种质资源领域，目前我国已经建成了国家农作物种质资源共享服务平台、国家林木（含竹藤花卉）种质资源两大植物种质资源共享平台。国家农作物种质资源共享服务平台建设，长期安全保存粮食作物、纤维作物、油料作物、蔬菜、果树、糖烟茶桑、牧草绿肥等350多种作物44.1万份种质。平台已经整合的作物种质资源约占国内资源总数（52万份）的84.8%，约占全世界作物种质资源保存总量（305万份）的14.5%。国家林木（含竹藤花卉）种质资源平台保藏了植物种质资源中的林木种质资源。建立了覆盖全国所有省区的原地、异地和设施3种保存方式相结合的林木种质资源收集、保存体系和共享服务网络。截至2014年，国家林木（含竹藤花卉）种质资源平台新增标准化、信息化资源2661份，包括林木种质资源的共性描述和林木种质资源图像、照片等多媒体描述信息、树种数据库、新品种数据库等，已经整理的种质资源中，92%已完成信息化处理。平台还提供保存于平台保存库（原地、异地和设施保存库）的林木、竹藤、花卉种质资源（种子和苗木），提供试验材料（叶片、花粉等），利用平台的协作网络提供野生资源的收集、采种服务，提供保存库繁育的苗木，用于造林推广。

动物种质资源领域，目前已经建成国家家养动物种质资源和国家水产种质资源两大动物种质资源平台。家养动物种质资源平台建立了重要及濒危畜禽资源品种的体细胞库，依托整理、整合、繁殖、更新包括胚胎、精液、体细胞和基因组DNA等在内的140种遗传物质，构建了21种cDNA文库和9个基因组BAC文库。水产种质资源共享平台共拥有2028种活体资源信息、6543种标本种质资源信息以及28种基因组文库、32种DNA文库和42种功能基因等DNA资源信息（精子368种，细胞145种，DNA 1396种）。平台拥有的资源量占国内保存种质资源总量的90%以上。平台在围绕国家战略需求和产业发展面临的重大技术瓶颈问题积极开展专题服务，充分发挥平台作为全国水产种质资源和水域生态环境领域公共性服务载体的综合集成作用，在支撑科技创新、推动现代渔业发展、促进水域生态修复等方面均取得了显著成效。

微生物菌种资源领域，国家微生物资源平台参建单位107个。以9个国家级微生物资源保藏机构为核心，整合我国农业、林业、医学、药用、工业、兽医、海洋、基础研究、教学实验等9大领域的微生物菌种资源，涵盖古菌、细菌、真菌、原生生物类（病毒、类病毒、朊病毒等）等。

2. 生物种质资源共享利用水平不断提升

在国家科技基础条件平台运行服务等的推动下，我国生物种质共享利用水平不断提升。全国科技基础条件资源调查数据显示（图3-6），2011—2014年，生物种质资源保藏量从121.0万份增长到129.0万份，增长了6.7%，年平均增长率为2.2%，基本保持稳定。2011—2014年生物种质资源对外提供份数分别从9.8万份增长到12.0万份，增长了23.2%，年平均增长率为7.2%，整体趋势是稳步上升，资源利用水平增长领先于生物保藏量的增速。

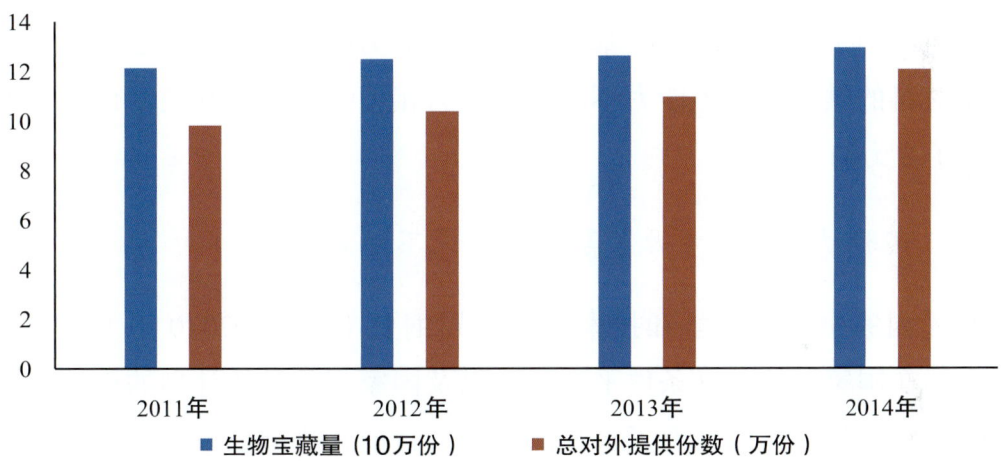

图 3-6　生物种质资源保藏量与资源利用对比情况（2011—2014 年）

数据来源：科技基础条件资源调查填报数据，不包括台湾、香港、澳门地区，西藏未填报数据。

3. 生物种质机构的设施水平和体系建设还有提升空间

尽管我国生物种质资源机构建设不断提升，但与国际发达国家比，与科技创新及经济社会发展的需求相比，还存在一些差距。我国生物种质资源的设施和体系建设尚不平衡。农作物种质资源保存体系建设相对比较完善，已建成国家种质资源长期库及其复份库各1座、国家中期保存库10座、国家种质资源圃40个（含2个试管苗库），以及原生境保护点116个，几乎包含了我国大部分的作物资源和部分的热带作物种质

资源（25 种）。我国的林木及野生植物种质资源设施保存仍处于起步阶段，目前仅有中科院昆明植物研究所西南野生生物种质资源库 1 座现代化的种质库，其冷库面积 600 平方米，截至 2014 年年底已收集保存野生植物种子 8855 种 65067 份。而林木种质资源设施保存则几乎空白，在异地保存方面以保存主要造林树种为主，关注的物种较少且较为分散，没有形成完整的体系。

（四）实验材料资源共享与利用水平不断提升

实验材料的共享与利用水平事关科研活动的开展，推进实验材料的共享与利用是提升我国科技基础条件保障能力的基本内容。近年来我国实验材料的供应和保障能力不断提高，为相关领域科研和技术创新活动提供了有力的支撑。

1. 实验动物种质资源共享网络建设不断完善

《国家中长期科学和技术发展规划纲要（2006—2020 年）》实施以来，在国家科技基础条件平台建设以及国家相关科技计划的推动下，我国实验动物工作已经有了长足的进步。目前，我国已经基本建成了包括小鼠、大鼠、豚鼠、地鼠、兔、犬、禽类和实验灵长类的国家动物种子中心和种质资源基地网络，拥有的资源品种、品系近 3000 个（包括遗传修饰小鼠），在国际上已经占有一席之地。截至 2015 年 12 月，我国已经建立了包括小鼠（含遗传工程小鼠）、大鼠、金黄地鼠、灰仓鼠、长爪沙鼠、小型猪、鸡、鸭、兔、剑尾鱼、树鼩等 14 大类实验动物种质资源生物学特性数据库，共 192 个品种品系 37173 组数据，280 张图片和 318 张图谱。

目前，已建立了 7 个实验动物资源保种中心和 1 个数据中心，集中开展实验动物种质资源的收集、整合、保存并开展标准化研究。已经建成的国家实验动物数据资源中心，承担中国实验动物信息网和国家实验动物资源库的建设及运行管理工作。其中国家实验动物资源库主要收录、整合、保存国家各实验动物种子中心提供的实验动物生物学特性数据信息，提供完善的实验动物数据资源库及其查询管理系统；中国实验动物信息网主要为生命科学、医学、药学以及相关学科的发展提供数据资源、技术服务和信息资源共享服务。

国家实验动物数据资源中心先后建立了国家实验动物质量检测管理平台、实验动物在线产品中心、实验动物许可证查询管理系统等多个应用管理系统，为行业人群和企业提供特定服务。仅在2015年，国家实验动物种质资源网络为国内20多个省市770多个单位提供标准化的实验动物（包括遗传修饰小鼠模型）约11万只。

2. 科研试剂应用和共享体系建设不断推进

随着国家相关科技计划的实施，我国在科研用试剂多项关键技术取得了突破，科研用试剂科研、开发和生产能力不断提升。我国积极推进科研试剂应用和共享体系建设，建立了包括有机化合物中间体、高纯溶剂等12家技术研发应用检测的平台，培养了一支从事试剂研发、检测、工艺设计等的人才团队。

2011年科技部组建科研用试剂产业技术创新战略联盟。联盟重点围绕我国科研用试剂的研制、生产、供应等环节进行系统化建设。目前该联盟有近70家会员，包括了北京大学、中国农业大学、华东师大、第四军医大学、军事医学科学院、中国食品药品检定研究院、中科院有机化学研究所、国药科研用试剂有限公司、上海化工研究院等产学研单位。该联盟在试剂研发、标准建立、产品质量检测、成果转化和技术交流等诸多方面发挥着积极作用。

3. 实验细胞资源共享平台建设水平持续增强

实验细胞是国家生物科技资源的重要组成部分，体外培养的实验细

胞越来越广泛地应用在生命医药研究领域，成为国家重要的科技资源。各国政府和科研机构都高度重视实验细胞资源的保藏和利用。

2008年，在国家科技基础条件平台建设专项中开展了国家实验细胞资源共享平台建设。中国医学科学院基础医学研究所细胞中心联合全国从事实验细胞保藏的主要单位承担建设国家实验细胞资源共享平台，平台由跨部门、跨领域、分布在全国东（上海分部 中国科学院上海生命科学院细胞资源中心）、西（西安分部 第四军医大学细胞工程研究中心）、南（昆明分部 中国科学院昆明动物研究所昆明细胞库）、北（北京总部、北京分部）、中（武汉分部 武汉大学细胞库），长期从事实验细胞资源保藏的核心骨干单位组成。国家实验细胞资源共享平台的主要功能包括珍贵新建资源的收集整理保藏、实验细胞资源数据库建设整合、实验细胞资源评价、实验细胞信息资源与实物资源共享、相关规范制定及检验完善等。

截至2015年，平台已经整合了标准化的人和动物的细胞资源2400余株系，包括肿瘤细胞、正常细胞、杂交瘤细胞、转基因细胞、生产检定用细胞及用于医学和生命科学研究的多种工具细胞、工程细胞等；保藏资源4760余株系，约占国内实验细胞总量（约6200株系）的76%。同时，平台对整合的细胞进行了扩增备份，每株系5~100份，总计100000余份。实验细胞多次服务各类科技项目，包括"863"计划课题、国家自然科学基金、科技重大专项、国家"973"计划项目课题等，共享服务成效显著。

三、地方积极推进科技资源共享服务创新创业

地方科技资源共享是我国科技资源共享体系的重要组成部分。近年来，在国家科技基础条件平台工作的带动下，地方科技主管部门围绕科技、

经济和社会发展需求，制定完善相关政策制度，加大科技基础条件建设力度，搭建综合性科技资源共享平台，优化平台建设运行机制，有效整合集成区域内科技基础条件资源，为全社会科研活动特别是中小企业技术创新和创业团队服务，为区域科技及经济发展提供了有力支撑。

（一）地方科技资源共享政策制度进一步完善

"十一五"以来，各地方深入贯彻落实《2004—2010年国家科技基础条件平台建设纲要》，积极推动科技资源共享服务平台建设，并紧密结合工作实际，积极推动机制创新，制定实施了一系列政策法规和规章制度，为做好科技资源共享平台建设、推动科技资源开放共享、完善创新环境提供了重要保障。

调查显示，截至2015年，有28个省（自治区、直辖市）共出台了科技资源开放共享相关政策文件93个，从制度上保证科技资源开放共享工作的顺利实施。以江苏省为例，为促进科技资源高效配置和综合集成，2004年省科技厅、省发改委、省财政厅、教育厅、质监局印发了《2004—2010年江苏省科技基础条件平台建设总体方案》（苏科条〔2004〕511号）；2005年为从源头控制大型仪器设备的重复购置，江苏省财政厅、科技厅、省教育厅联合发布了《江苏省省级新购大型科学仪器设备联合评议工作管理办法（试行）》（苏财教〔2005〕86号），指导省仪器平台开展新购大型仪器联合评议工作；2006年为加强科技公共服务平台的建设与管理，省科技厅、省财政厅印发了《江苏省科技公共服务平台管理办法》（苏科计〔2006〕102号），规范江苏科技公共服务平台的运行和管理；2015年为贯彻落实《国务院关于国家重大科研基础设施和大型科研仪器向社会开放的意见》（国发〔2014〕70号）文件精神，省政府制定了《关于重大科研基础设施和大型科研仪器向社会开放的实施意见》（苏政发〔2015〕106号）（以下简称《意见》），于2015年9月正式发布，该《意见》的发布加快推进江苏地区科研仪器与设施向社

会开放，有效地提高科技资源的使用效率，推进江苏地区科技资源开放共享。表 3-5 所示为部分地区科技资源开放共享的相关政策文件。

表 3-5 部分地区科技资源开放共享的相关政策文件

地区	主要政策文件名称
四川	（1）《四川省科技基础条件平台建设专项资金管理暂行办法》 （2）《四川省大型科学仪器共享服务平台建设管理办法（试行）》 （3）《四川省大型科学仪器协作共用网建设及运行管理办法》 （4）《四川省科学仪器协作共用资金管理暂行办法》 （5）《四川省重大科研基础设施和大型科研仪器开放共享平台管理办法（试行）》 （6）《四川省人民政府关于重大科研基础设施和大型科研仪器向社会开放共享的实施意见》 （7）《四川省实验动物许可证管理实施细则（试行）》 （8）《四川省实验动物管理暂行办法》
广西	（1）《自治区科技基础条件平台建设专项资金管理暂行办法》 （2）《广西大型科学仪器设备协作共用绩效考核管理办法（试行）》 （3）《广西大型仪器协作共用专项资金管理暂行办法》 （4）《广西大型科学仪器协作共用网管理暂行办法（修订）》 （5）《广西壮族自治区本级新购大型科学仪器设备联合评议试行办法》 （6）《广西壮族自治区科技文献信息专项经费管理暂行办法》 （7）《广西科技文献信息共享与服务平台绩效考核实施细则》
重庆	（1）《重庆市大型科学仪器资源共享促进办法》 （2）《重庆市大型科学仪器资源共享考评激励办法》 （3）《重庆市新购大型科学仪器设备联合评议管理办法（试行）》 （4）《重庆市大型科学仪器资源共享平台动态服务系统管理暂行办法》 （5）《重庆市科技文献资源共享促进办法》 （6）《重庆市实验动物管理办法》

续表

地区	主要政策文件名称
安徽	（1）《安徽省大型科学仪器设备协作共用实施管理办法》 （2）《入网仪器机组运行考核办法》《共享绩效评估办法》《专业分析测试服务中心评审办法》 （3）《安徽省大型科学仪器设备资源共享共用补助实施细则（试行）》 （4）《安徽省科技路路通工作体系服务规范》 （5）《科技路路通服务体系考核评价指标（试行）》 （6）《安徽省人民政府办公厅关于印发安徽省加快科技服务业发展实施方案的通知》
上海	（1）《上海市促进大型科学仪器设施共享规定》 （2）《上海市大型科学仪器设施信息报送办法》 （3）《上海市大型科学仪器设施共享服务评估与奖励办法、上海市大型科学仪器设施共享服务评估与奖励办法实施细则》 （4）《上海市新购大型科学仪器设施联合评议实施办法》
陕西	（1）《陕西省大型科学仪器设备共享专项资金管理办法》 （2）《陕西省科技资源开放共享平台建设管理办法》 （3）陕西省科技文献共享平台用户管理办法 （4）陕西省科学数据共享平台数据质量评估办法 （5）《陕西省实验动物管理办法》
河北	（1）《河北省人民政府关于推动科技创新平台和大型仪器设备面向社会开放服务的实施意见》 （2）《河北省大型科研仪器管理办法》 （3）《河北省科技基础条件平台建设实施意见》 （4）《河北省大型科学仪器协作共用办法》《河北省大型科研仪器管理办法实施细则（试行）》 （5）《河北省新购大型科学仪器设备联合评议工作管理办法（试行）》

续表

地区	主要政策文件名称
吉林	（1）《吉林省实验动物许可证验收规则》 （2）《吉林省实验动物饲料生产许可证验收规则》 （3）《吉林省实验动物从业人员培训考核管理办法（试行）》 （4）《吉林省实验动物管理条例（草案）》 （5）《吉林省人民政府关于进一步推进科研基础设施和大型科研仪器向社会开放的若干意见》
湖北	（1）《省人民政府关于促进科研基础设施和科研仪器向社会开放的实施意见》 （2）《湖北省科技条件平台专项资金管理办法》 （3）《省人民政府关于印发湖北省加快科技服务业发展实施方案的通知》 （4）《省人民政府关于促进科研基础设施和科研仪器向社会开放的实施意见》
内蒙古	（1）《内蒙古自治区大型科学仪器协作共用管理办法》 （2）《内蒙古自治区大型科学仪器协作共用管理办法实施细则》 （3）《内蒙古自治区大型科学仪器协作共用网补贴高层次人才实施细则》 （4）《内蒙古自治区人民政府关于推进大型科研仪器及科研基础设施开放共享的若干意见》
青海	（1）《青海省人民政府关于国家重大科研基础设施和科研仪器向社会开放的实施意见》 （2）《青海省大型科学仪器设备共享服务管理办法》 （3）《青海省人民政府关于加快科技服务业发展的实施意见》 （4）《青海省大型科学仪器设备共享服务管理办法》

（二）综合性科技资源共享服务平台建设成效显著

1. 建成一批地方特色鲜明的品牌平台

近年来，在国家政策和国家科技基础条件平台建设的带动下，地方平台建设呈现出蓬勃发展、异彩纷呈的局面，一些地方逐步打造了具有影响力的品牌平台，凝练出相对成熟且具有鲜明特色的平台工作模式，如北京的首都科技条件平台、上海研发公共服务平台、黑龙江科技创新创业共享服务平台、陕西省科技资源统筹中心等。图3-7所示为上海研发公共服务平台服务体系。

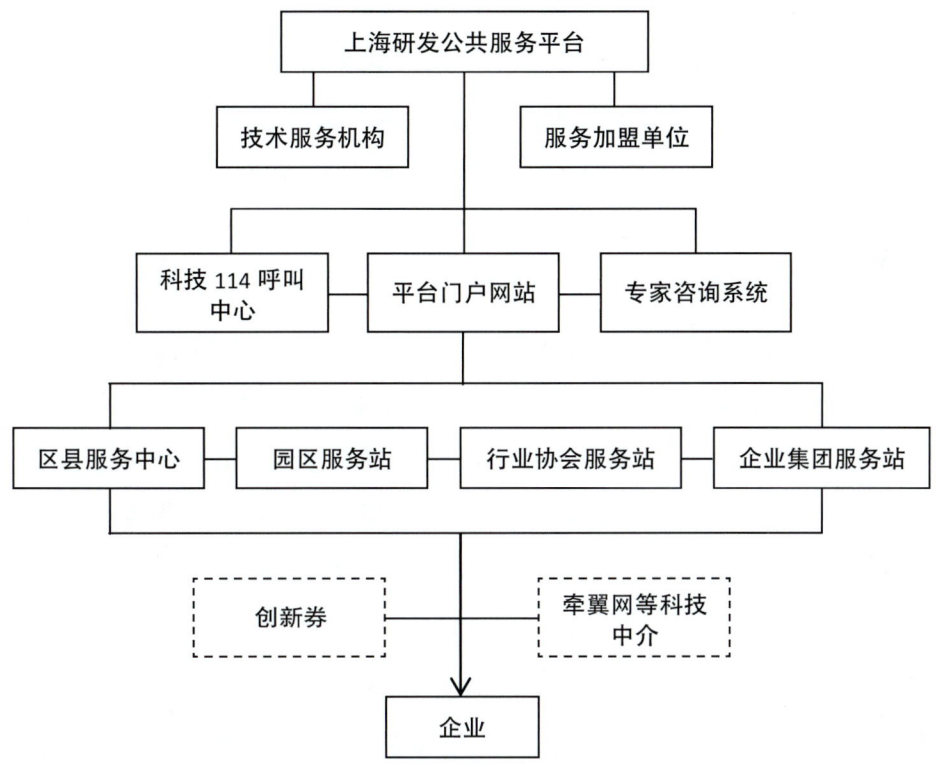

图3-7　上海研发公共服务平台服务体系

专栏：上海研发公共服务平台

上海研发公共服务平台是《上海实施科教兴市战略行动纲要》明确提出的一项战略任务，2005年11月成立并建设运行。该平台是独立法人单位，上级行政与业务主管部门是上海市科学技术委员会，目前有专职人员28人。研发平台是运用信息、网络等现代技术构建的开放的科技基础设施和公共服务体系，由科学数据共享、科技文献服务、仪器设施共用、资源条件保障、试验基地协作、专业技术服务、行业检测服务、技术转移服务、创业孵化服务和管理决策支持十大系统组成。

截至 2015 年 12 月底，上海研发公共服务平台完成了集聚在沪的国家重点实验室 44 家，国家工程技术研究中心 21 家，国家野外科学观测研究站 1 家，国家重大科研基地设施 7 家，国家部委开放实验室 89 家，国家工程实验室 11 家，国家工程研究中心 18 家，国家工程技术研究中心 21 家，市级重点实验室 117 家，市级工程技术研究中心 232 家，市级专业技术服务平台 128 家，共 520 家单位的大型科学仪器信息报送，共计 8414 台（套），总价值达 107.38 亿元。研发公共服务平台网站 www.sgst.cn 累计访问量 5.03 亿人次，注册用户 66 万人。2015 年访问量为 1.1 亿人次、服务量为 1.6 万多项。

2015 年，上海研发公共服务平台完成大型科学仪器共享奖励评估工作，有 61 家仪器管理单位的 855 台（套）获得上海市大型科学仪器共享服务奖励，资金约 1125.73 万元；同时，作为大型科学仪器共享工作的重要补充，研发平台积极组织开展中小企业用户补贴工作，有 340 家中小企业用户获得 603 万元的企业用户补贴经费。其次，积极开展 128 家上海市专业技术服务平台的绩效评估工作，并对评估优异者进行能力提升项目资助，有 26 家专业技术服务平台获得 3600 万元的能力提升项目资助经费。

2. 集成大量科技基础条件资源

地方平台密切联系区域技术创新及经济社会发展需求，积极整合集成大型仪器设备、科技文献等科技资源，据不完全调查统计，截至

2014年年底，地方平台共整合大型科学仪器设备11.8万台（套），仪器原值为595.1亿元（图3-8）。

从科技资源共享服务平台集成的仪器数量及原值来看，北京首都条件平台集成的仪器台（套）数及原值在全国范围内遥遥领先，上海和山东的仪器台（套）数及原值排名靠前。其中，首都科技条件平台累计促进首都地区676个国家级、北京市级重点实验室、工程中心，价值192亿元，3.8万余台（套）仪器设备向社会开放共享；上海研发公共服务平台整合集成全市520家单位的大型科学仪器（原值为30万元以上）8414台（套），总价值达107.4亿元；2014年度，平台成员单位对外服务6万余次，分析样品数达到49.3万个，检测机时52.3万小时，检测收费2.1亿元。

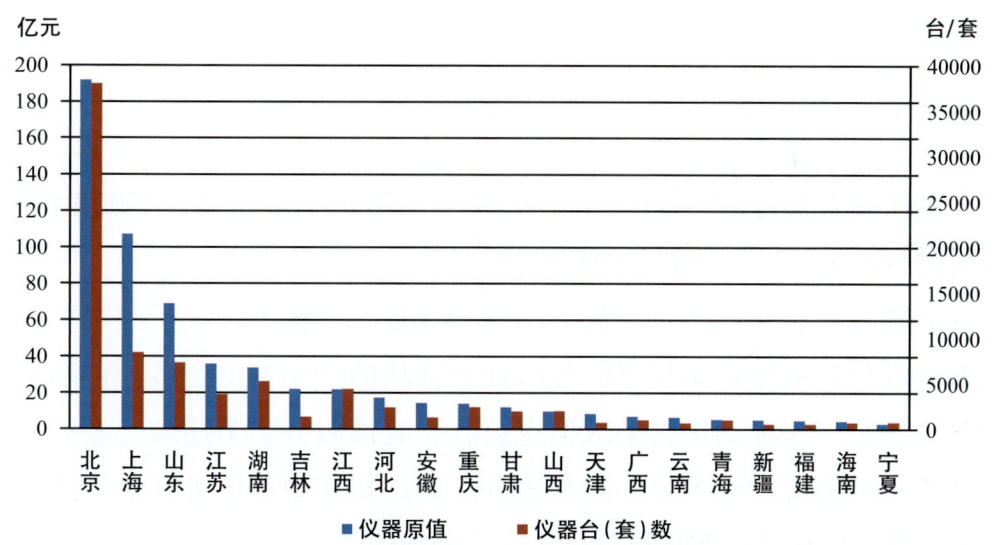

图3-8　部分地区的科技资源共享服务平台集成的仪器台套数及原值（2014年）

数据来源：科技资源共享服务平台建设和运行情况调查填报数据，不包括台湾、香港、澳门地区，西藏未填报数据。

此外，相关平台在科技成果、科技文献、科技人才、生物种质等方面也集成了大量资源，推进面向企业技术创新、双创等科技资源公共服务。

如四川省面向大众创业万众创新需求，整合省内科研单位科技条件资源，建立了专门针对"双创"需求的四川省科技创新创业综合服务平台，目前已聚合科技信息资源约4亿条、科技服务机构1500余家，可实现科技服务项目3000余种，平台针对科技创新创业的需求，采用互联网+技术，汇集政策、场地、资金、人才、技术、服务等多种信息资源，构建涵盖企业孵化、科技金融、科技咨询、研发设计、分析测试、技术转移、人才服务和知识产权八大领域的科技服务资源集群；山西省科技文献共享服务平台整合文摘、全文等各类数据库119个，集成各类科技文献资源总量已达53TB，提供期刊数量6000多种，全文篇数达到1347万篇，国外科技报告98万篇；浙江省实验动物公共服务平台集聚了省医学科学院、浙江大学等18家省内实验动物主要机构，建立建成了具有地方特色、覆盖全省的由实验动物生产供应、实验动物应用研究、实验动物质量监控、实验动物人才培训四大体系组成的公共服务平台。

3. 创新服务机制，推进科技资源共享服务

相关平台通过顶层设计、上下联动，不断优化科技资源共享服务机制，将科技资源优势转化为服务创新优势。

以首都科技条件平台为例，2014年年底，《国务院关于国家重大科研基础设施和大型科研仪器设备向社会开放的意见》出台后，首都科技条件平台进一步推动平台采取信息公开、有偿服务、奖惩结合等措施不断完善科技资源开放共享和对外服务。通过制度创新促进首都科技资源开放共享，形成了首都科技条件平台的资源优势。

首都科技条件平台通过建立研发实验服务基地、领域中心和工作站，形成"小核心大网络"的资源开放和服务体系。在研发实验服务基地不改变仪器设备所有权的基础上，引入体系内、独立法人、公司化运作的专业服务机构，作为研发实验服务基地的核心运营载体，开展科技资源的市场化运营与服务。建立合理的工作机制和利益分配机制。每家平台

成员单位均制定相应的管理办法，成立领导小组和工作团队，并根据自身特点制定合理的服务费分配方式，调动各方积极性。采取后补贴方式提高财政资金使用效率。北京市科委每年安排 8000 万元左右财政科技经费，其中 5000 万元左右用于以后补贴方式对高校、科研院所科技资源的开放共享和服务情况予以奖励，3000 万元左右用于支持小微企业和创业团队，利用开放的科技资源进行创新创业活动。

在创新服务机制的基础上，平台以市场需求为导向，探索科技服务新模式。以"百家重点实验室进千家企业"专题活动、区域合作、首都科技创新券等为工作抓手，通过专题服务促进供需对接，促进开放科技资源服务有效企业的测试检测、联合研发等需求。在此机遇下，首都科技条件平台通过规范的工作机制，组织平台各基地、领域中心和区县工作站开展供需对接活动，引导实验室科研人员主动走出大院大所，与企业面对面交流，解决企业创新需求，服务企业创新发展。

百家重点实验室进千家企业活动是科技资源贴近企业、服务企业的具体实践。自 2013 年启动以来，该专题活动共组织 1067 家企业与共计 324 家开放实验室进行了对接，共计促成 284 个项目合作，促成合同金额 2.41 亿元。

与此同时，首都科技条件平台还通过主题服务，探索科技资源主动服务重大需求、促进成果转化新模式。组织研发实验服务基地、领域中心和区县工作站三类主体联手，协同创新，配置优质科技要素资源，紧紧围绕区域及重点领域发展需求，主动服务首都重点产业和重要工程，促进科技成果落地北京及重要成果的合作研发。如北京大学基地牵头的高校科学仪器研发创新与服务试点项目，重点开展高端仪器的原创成果研发和早期孵化，目前已经有 5 项仪器项目与企业合作，合作金额 1.07 亿元。

除满足在京企业对于科技资源的需求外，首都科技条件平台还强化首都科技资源服务域外企业，拓宽辐射与引领高端通道。通过北京市科

委与当地科技主管部门或当地政府联合共建首都科技条件平台区域合作站的形式，推动首都科技资源服务向相关省市和地区发展。

（三）科技资源共享专业化管理能力建设不断加强

专门的管理机构和人才队伍是事业发展的基础和根本。近年来，地方科技主管部门不断强化科技资源管理共享专业化机构建设，明确强化科技厅（委、局）相关处室科技资源建设及共享管理职能，一些地方还成立了专门的机构，组建专业队伍推进区域科技资源建设及共享工作。

1. 建立科技资源共享平台专业化管理机构

截至 2015 年，全国共有 7 个省（自治区、直辖市）科技主管部门成立了专门的机构（独立法人单位）负责科技资源建设共享工作，如上海市研发公共服务平台管理中心、广东省科技基础条件平台中心、黑龙江省科技资源共享服务中心、吉林省科技创新平台管理中心、山西省科技资源开放共享管理服务中心、内蒙古自治区科技基础条件平台管理中心等，组建了专业化的工作团队，系统推进区域科技资源共享工作。

> **专栏：上海市研发公共服务平台管理中心**
>
> 上海市研发公共服务平台管理中心是上海市科学技术委员会直属的事业单位，成立于 2005 年 11 月，主要负责全面推进全市研发公共服务平台的建设与管理。研发平台中心深入落实《上海市研发公共服务平台发展行动计划》，将整合多方资源、加强统一管理、强化制度建设、提升服务水平，以科技服务为主要工作目标，努力实现平台"共享、共用、协作、服务"。
>
> 上海市研发公共服务平台经过多年的建设与发展，已形成较强

的服务能力，服务体系建设日趋完善。目前，已初步构建了集信息采集、发布、加工和管理功能于一体的信息共享平台，建设了从用户认证、服务申请、服务过程跟踪、服务结果传输的信息化服务平台；设立了呼叫中心，开通了创新服务热线，形成了专家咨询、服务配送等直接面向用户需求的综合服务能力。

2. 依托相关单位加强科技资源共享专业化管理

一些省（自治区、直辖市）虽未成立独立法人单位性质的平台专业化管理机构，但都明确了科技资源开放共享工作的责任主体，由科技厅（委）条件处等处室主管，在相关单位设立相关部门，明确科技资源共享管理职能，推进区域科技资源共享工作。浙江省科技厅依托浙江科技信息研究院和浙江省医学科学研究院，分别设立了浙江省大型科学仪器设备协作共用管理办公室、浙江省实验动物平台管理办公室等，江苏省科技厅在江苏省生产力促进中心下设江苏省科技条件管理服务中心，系统推进地方相关领域科技资源建设及共享工作。

（四）依托创新券等方式增强对科技资源开放共享的激励

近年来，相关地方不断加大对平台的专项投入，推进科技资源开放共享成为地方财政科技投入的重要方向，主要支持方式包括平台建设专项经费、科技项目经费、运行补助奖励、创新券等多种方式。

1. 科技资源共享工作专项资金支持力度不断加大

据不完全统计，截至目前，共有24个省（自治区、直辖市）对科技资源开放共享相关工作有专门的经费投入。其中，北京的经费投入最多，为9240万元，北京、上海和天津的经费投入均超过了4000万元。图3-9

所示为科技资源平台经费投入超千万元的地区投入情况。

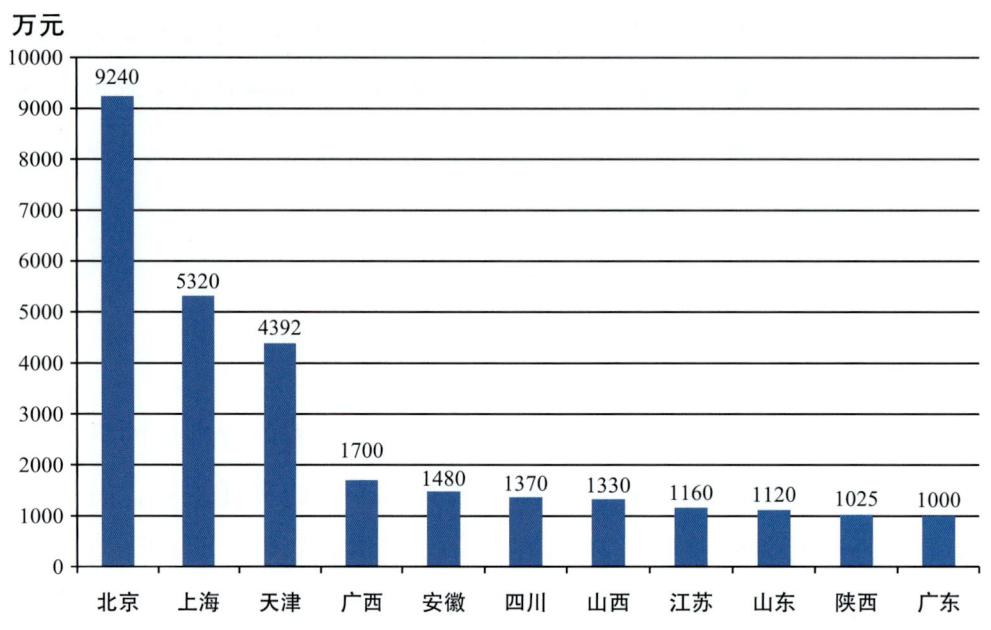

图 3-9　科技资源平台经费投入超过千万的地区（2014 年）

2. 地方大力实施创新券制度推动科技资源共享服务

创新券作为由政府面向中小微企业和创新团队等无偿发放，专门用于购买科技服务机构检验测试、研发合作等创新服务的权益凭证。地方在推动科技资源开放共享工作过程中，积极探索实践，通过实施创新券制度，创新科技财政资金投入方式，推动高等院校、科研机构与企业合作，为全社会创新活动特别是中小企业技术创新和创业团队提供服务，促进了科技资源开放共享，发挥了政府投入对科技创新的带动作用，提高了政府科技财政投入效益，推进了区域创新发展。创新券已逐渐成为推动科技资源开放共享、支持大众创业万众创新的有效手段之一。

截至 2016 年 10 月，全国已有 13 个省份在省级层面出台了创新券政策，还有 9 个省份在所属市县实施了创新券政策（表 3-6）。

表 3-6　地方已实施的创新券政策

序号	省市	政策文件名称	发布时间
省级层面已出台的政策文件			
1	北京市	《首都科技创新券实施管理办法（试行）》	2014.12
2	贵州省	《贵州省科技创新券管理办法（试行）》	2014.12
3	浙江省	《关于推广应用创新券 推动"大众创业、万众创新"的若干意见》	2015.02
4	广东省	《关于科技创新券后补助试行方案》	2015.02
5	辽宁省	《关于实施科技创新券制度的若干意见（试行）》	2015.06
6	上海市	《关于试点开展上海市科技创新券工作的通知》	2015.04
7	山东省	《山东省小微企业创新券管理使用办法》	2015.06
8	天津市	《天津市实施科技创新券制度管理暂行办法》	2015.10
9	福建省	《福建省科技创新券补助管理暂行办法》	2016.01
10	山西省	《山西省科技创新券实施管理办法（试行）》	2016.02
11	甘肃省	《甘肃省科技创新券实施管理办法（试行）》	2016.08
12	河北省	《河北省科技创新券实施管理办法（试行）》	2016.09
13	重庆市	《重庆市科技创新券管理办法（试行）》	2016.10
部分市县层面出台的政策文件			
1	江苏省	《宿迁市科技创新券实施管理办法（试行）》	2012.09
2	黑龙江省	《哈尔滨市香坊区科技创新券实施管理办法》	2012.12
3	安徽省	《马鞍山市科技创新券实施管理办法（暂行）》	2014.06
		《合肥高新区创业创新服务券实施暂行办法》	2016.04
4	四川省	《成都市科技企业创新券实施管理暂行办法》	2014.09
		《遂宁市中小微企业创新券实施管理办法（试行）》	2015.10

续表

序号	省市	政策文件名称	发布时间
5	河南省	《洛阳市科技创新券实施管理办法（试行）》	2015.12
		《焦作市创新券实施管理办法（试行）》	2013.09
6	湖北省	《武汉市科技创新券管理办法（试行）》	2015.12
		《武汉东湖新技术开发区科技创新券实施办法（试行）》	2015.05
7	宁夏回族自治区	《石嘴山市科技创新券实施管理办法（试行）》	2016.05
8	吉林省	《松原市科技创新券实施办法》	2016.05
9	湖南省	《株洲市科技创新券实施管理办法》	2016.08

地方将科研仪器设备共享、检验检测等资源共享服务列入创新券服务的重要内容。如北京市和上海市规定，创新券的使用范围主要是加盟本省（市）科技资源共享服务平台的科技资源服务，这些综合性服务平台都集聚了地方大量的科研仪器设施等科技资源信息，也是各地方推进科技资源开放共享的重要载体。山东省规定创新券主要用于小微企业使用高校院所科学仪器设备进行检测、试验等服务的补助，服务大众创新创业，提高全省科研仪器开放共享程度。相关地方也依托科技资源共享专业管理机构开展创新券的日常管理工作，如北京市在首都科技条件平台的管理机构——北京技术交易促进中心设立创新券办公室，负责创新券的日常运营和管理。上海市依托上海市研发公共服务平台管理中心负责创新券的日常管理。

3. 创新券政策推动科研仪器设备等科技资源共享取得显著成效

各地方在贯彻落实 70 号文过程中，积极出台实施创新券政策，调动创新主体的积极性，为中小微企业提供科技资源共享服务，特别是大型科研仪器设备的分析测试、检验检测等服务，有力支撑了创新创业。

根据初步统计，仅京、沪、鲁、浙四省市已共向近万家中小微企业及创新团队发放创新券7.6亿元，利用仪器开展的检验检测、合作开发等服务占50%以上，累计为企业节约仪器购置成本达数十亿元。在创新券政策激励下，四省市对外开放共享的科研仪器不断增长，相较70号文发布前，增加的仪器数量超过2万台。北京市接受创新券对外开放服务的各类实验室由最初的398家增加到目前的577家，新增对外开放科研仪器设备8000多台，推动1600余家企业与实验室签署了1700多项创新项目。山东省以创新券政策为抓手促进全省科研设施仪器开放共享，2015年创新券发放近6000万元，兑现使用4000万元，推动"山东省大型科学仪器设备协作共用网"新增入网仪器设备1404台（套），总数达到9800多万台（套），仪器原值超过80亿元，入网单位超过5000家。2015年，全省科研仪器设备的利用机时达到583万小时，较创新券政策实施之前提高了11%。

4. 创新券政策推动科技资源共享的跨区域协作

以创新券为载体，相关地方加强协调合作，推动科技资源跨区域共用共享，并取得积极成效。特别是一些经济发达地区，通过创新券政策的互认，向后发地区输出了优质的科技资源服务。上海自2013年与浙江省长兴县开创了全国首次跨区域使用科技创新券服务后，由长兴县政府向当地高新技术企业发放科技券、企业持科技券向上海研发平台加盟服务机构购买服务（可抵扣60%费用）、研发平台加盟服务机构持科技券向长兴县政府兑现，以券代补、以券提质，有力促进上海服务机构和长兴企业的合作共赢，使上海科技力量辐射至浙江长兴地区。目前，江苏苏州、浙江长兴、宁夏石嘴山等地区的企业可以利用当地的创新券通过网络平台使用上海研发平台的高端科研仪器设备和研发技术服务。当前，北京、天津和河北三地科技主管部门也在积极牵头推进京津冀创新券政策互认互通，推进三地科技资源共享和双创服务，助力区域创新发展。

四、法人单位加大科技资源开放共享力度

（一）科技资源管理单位完善共享制度

按照《意见》要求，相关高校和科研院所加强对大型科研仪器的管理，建立完善大型科研仪器开放共享管理制度，涉及仪器开放共享综合性制度、引导激励、经费支持、在线服务平台等多方面。表 3-7 所示为部分高校和科研院所关于科研设施共享的政策制度。

表 3-7 部分高校和科研院所关于科研设施共享的政策制度

类型	内容
开放共享综合制度	《同济大学促进大型科研仪器设备共享办法（试行）》 《清华大学仪器设备开放共享管理办法（试行）》 《浙江大学仪器设备共享有偿服务管理办法》 《兰州大学科研仪器共享平台管理办法（试行）》 《中国农业科学院重大科研基础设施和大型科研仪器开放共享实施管理细则》
引导激励制度	《北京大学大型科研仪器设备开放实验基金管理办法》 《重庆大学大型科研仪器设备开放基金管理实施细则》 《山东大学仪器设备开放基金使用办法》 《中南大学贵重科研仪器设备开放共享基金管理实施细则》 《中国科学院合肥战略能源和物质科学大型仪器区域中心运行补助经费管理办法》
收费管理制度	《哈尔滨工业大学实验室技术服务经费管理办法》 《北京化工大学大型精密仪器有偿服务管理办法》 《西安交通大学实验室对外服务收入管理办法》

续表

类型	内容
操作和培训制度	《东南大学大型仪器设备操作培训管理办法》 《华东理工大学大型科研仪器设备托管的实施办法》 《中南大学贵重仪器设备使用动态研究生协管员协查制度》
考核评估制度	《天津大学仪器设备使用效益及管理考核实施细则》 《清华大学大型仪器设备使用效益奖评选办法》
在线服务平台管理制度	《中国科学院物理研究所公共技术平台管理办法》 《北京物质科学与纳米技术大型仪器区域中心管理办法（暂行）》 《北京物质科学与纳米技术大型仪器区域中心入网共享仪器设备规定（暂行）》 《中国科学院合肥战略能源和物质科学大型仪器区域中心运行管理实施细则》

以南开大学为例，为促进大型仪器校内共享，南开大学出台了《南开大学大型仪器管理平台测试收入分配暂行管理办法》，规定平台仪器测试收入的 10%、10%、1% 分别作为仪器组人员的酬金、平台仪器维修基金、平台运行维护费，仪器测试收入的 79% 返回学院，作为仪器组测试成本、日常运行和维修经费。

以西南石油大学为例，该校在实验室与设备管理处设立"大型仪器设备管理中心"，专门负责学校大型仪器设备管理的制度建设，开放共享网络平台的建设与维护，负责大型仪器设备共享使用中的协调、监管、咨询、有偿使用收入分配、使用效益考评以及大型仪器设备的调配等工作，配备了数量和素质都合理的大型设备管理团队。通过实施"实验队伍培训计划""实验室中青年骨干培养计划"，打通实验队伍职称晋升通道等一系列措施，培养了一批基础理论扎实、具有较高业务水平的实验技术队伍。同时，该校制定了《西南石油大学自研自制项目管理办法》，

以项目资助的方式鼓励师生参与大型仪器设备的研制、升级改造、功能开发等。

（二）高校院所加强内部共享网络和载体建设

为推动单位内科研设施与仪器等科技基础条件共享，相关高校和院所加强共享网络建设，建立了面向单位内部和社会的科研仪器共享平台，同时加强科研仪器设备集约化管理，搭建分析测试中心等形式的共享载体和平台，推动科研仪器设备等资源共享。

1. 中国科学院技术支撑系统建设

近年来，中科院加强技术支撑系统建设，有力保障"知识创新工程"的顺利实施，制定实施了《中国科学院技术支撑系统建设实施方案》，以建设高水平的公共技术支撑平台为目标，以院所两级公共技术服务中心建设为重点，整合优化研究所现有技术资源，创新管理体制与运行机制，促进全院科研装备的开放共享和协作研究，建立一支高水平、高素质的技术支撑队伍，大力提升科研装备运行维护、功能改进、技术发展和自主研制能力，逐步建成能够满足中科院科技创新跨越与持续发展要求的精干高效的技术支撑体系和技术支撑队伍。

中科院面向自主创新和可持续发展需求，加强体制机制创新，采取人、财、物统筹布局，推进院所两级公共技术服务中心建设工作，建立全院的公共技术服务中心体系。形成以所级技术服务中心为基础，学科或区域技术服务中心为骨干的技术支撑服务网络，促进全院的协作与共享，促进对外的联合与开放。积极推进科研装备的自主研制和技术方法创新，面向重要科技创新领域和目标，以仪器设备研制和方法创新，带动和促进我院技术支撑能力的不断提升和持续发展，为原始创新提供技术支持。加强技术支撑队伍建设，采取有效措施，吸引、凝聚和培养一批技术精湛、敬业奉献的技术支撑人才，建立精干高效的技术支撑队伍，提升我院整体科技支撑能力。

其中，所级公共技术服务中心是由研究所自主建立的集仪器设备运行维护、方法开发和技术服务于一体的公共支撑平台。所级中心由研究所结合本所科研工作特点制定建设方案自行组织实施。目前中科院已在系统内建立了多个所级中心，通用仪器设备实现了研究所统一管理、统一运行，有固定经费支持；有完整的共享共用措施和管理办法，有水平较高、结构合理的技术支撑队伍，技术人员由研究所聘任（非课题组聘任），优秀技术人员以稳定支持为主；建立了合理的分配与评估考核机制，技术人员与研究人员分类考核评价，收入不低于同级研究人员平均水平；建立了所内仪器设备共享网，作为推动仪器设备共享的重要工具，有完整规范的仪器设备运行及使用记录。

专栏：中科院生化与细胞所公共支撑平台建设

中国科学院生物化学与细胞生物学研究所是我国生命科学领域最具科研实力和影响力的研究机构之一，该所在历史上取得了人工合成牛胰岛素、人工合成酵母丙氨酸转移核糖核酸等辉煌成就。近年来，该所面向生命科学领域的前沿基础研究，加强科研设施与仪器、实验模型等科技基础条件建设，大力推进科研装备自主研制和开放共享，建立了面向所内和全社会开放的专业技术支撑平台，强化实验技术人才队伍培养，为生命科学研究提供了强有力的支撑保障。

该所以支撑高水平生命科学研究为目标，从"分子""细胞"和"模式动物"等层面，建立了细胞分析技术平台、动物实验技术平台、分子生物学技术平台、化学生物学技术平台、干细胞技术平台、斑马鱼技术平台、果蝇资源与技术平台等7个公共技术支撑平台，为该所73个独立研究组提供公共科技服务。7个公共平台共拥有原值1.1亿元的科研仪器设备，原值100万元以上大型科研仪器设备有31台；

> 拥有果蝇品系 1.5 万个，建有我国品系保藏最大的果蝇平台；收集保藏了人和 20 种动物的细胞株（系）约 500 种，总库容超过 2 万株，建有我国最大的实验细胞库。
>
> 研究所通过"高精尖"的重大科技设施和"全覆盖"的专业技术支撑平台建设，集成了科研仪器设施、实验动物、实验细胞等生命科学领域科研所需的各类科技资源，具备了分析检测、实验动物规模化提供、技术开发、技术咨询、人员培训等各种服务能力，可针对科研人员的需求，提供全方位、综合性的技术解决方案，实现一站式"保姆型"服务。

2. 中国科学院科研设施与仪器共享管理平台

中科院针对仪器设备共享使用建立了中国科学院仪器设备共享管理平台，是中科院系统科研仪器设备开放共享、技术协作与交流的重要工作平台，由中科院制定统一的标准和规范，研究所和区域中心结合自己的特点自行建设，系统共有信息查阅、检测预约、审核分析、采购维修、工作状况、仪器状况、系统管理、流程设置，八大功能模块。每个功能模块下包含多项子功能，覆盖了设备采购维修、预约使用、使用信息统计等。

科研仪器使用是中国科学院仪器设备共享管理平台的核心工作之一，平台拥有科研仪器设备预约申请、预约审核、申请撤销、撤销审批、样品登记、分析结果、结果发放等功能。可记录科研仪器使用信息，可对中国科学院仪器设备使用情况进行精确的统计。此外，中科院还针对大科学装置的开放共享，建立了中国科学院重大科技基础设施共享服务平台，推动中科院相关大科学装置的开放共享。

3. 高校科研仪器设备共享网络平台

为贯彻落实国务院《关于国家重大科研基础设施和大型科研仪器向社会开放的意见》，相关高校在原有科研仪器设备共享网络平台基础上，积极推进科研仪器在线服务平台建设，建立了面向学校内部和社会的科研仪器共享网络平台，加强对大型仪器设备的管理，促进大型仪器设备的开放共享，提高大型设备管理和使用水平。

以北京科技大学为例，根据学校的总体规划、学科建设及人才培养的需要，学校提出以建立健全仪器设备资源效益管理机制为重点，将教学科研仪器设备存量资产有效地转化为设备资源，结合教学、科研经费的使用与管理需求，本着"开放共享、有偿使用、独立核算"的原则搭建了全校范围内公用性较强的、具有学科特色的大型仪器设备共享平台。

北京科技大学大型仪器设备共享管理平台包含校院两级管理平台，在保证仪器设备安全使用的前提下，实现了大型仪器设备信息资源的共享，建立了清晰的仪器设备共享管理体系，该体系包括预约管理系统、授权管理系统、计费管理系统、效益统计管理系统等几个部分，通过预约、授权、计费三大模块，实现了大型仪器设备信息发布、计费制定、用前预约、刷卡授权、实时扣费、财务结算、绩效统计等多元化、自动化的管理。北京科技大学成立了北京科大分析检验中心有限公司这一专业化市场运营机构，代表学校统一运营实验检测资源，面向社会提供商业化检测服务。

4. 高校分析测试中心

分析测试中心是本学科、本行业或本地区分析测试方法和技术的研究中心、分析测试人员的培训中心，在计量、分析、测试、试验（实验）、检测等领域发挥着巨大的作用。20世纪80年代初，国内高校因资源不足而寻求共享，使仪器设备发挥更大的效益，是当时普遍的共识。高校利用世界银行贷款项目纷纷筹建分析测试中心，购置了一批先进的大型分析仪器。高等学校分析测试中心在当时的历史条件下发挥了重要的作用，成为体制机制创新的成功产物。

随着国家"211"和"985"工程的实施，大型仪器设备的大批购置，高等学校仪器设备共享增加，分析测试中心的运行模式在充分发挥大型仪器设备作用、体现高校社会服务功能方面起到无可比拟的作用。大部分高校分析测试中心得到了大量学校资金的投入和支持，一些高校开始新建分析测试中心。

《意见》发布后，很多高校结合科研仪器在线服务平台建设，推进校内分析测试中心建设，推动科研仪器设备共享取得积极成效。根据各行业领域科研和市场需求提供分析测试研究与服务，各类分析测试中心大型科研仪器的对外开放率高于全国大型科学仪器的平均对外开放水平。

专栏：北京大学分析测试中心

北京大学分析测试中心成立于1983年，是北京大学最早通过国家计量认证、可以出具权威检测报告的分析测试机构。中心挂靠化学学院，化学学院院长兼任中心主任，2011年与化学学院中级仪器实验室合并。自成立以来，在国家科委、国家教委多次重点投资及世界银行贷款的支持下，陆续装备了光谱、质谱、色谱、X射线衍射、能谱、透射电镜、激光共聚焦显微镜、核磁、元素分析、热分析等在学科领域均有广泛应用的仪器设备，总价值约5200万元的先进大中型分析测试仪器41台（套），代表仪器包括：多功能成像电子能谱（XPS），傅里叶变换高分辨质谱等。实验室总面积约1600平方米，在成分与结构分析方面的仪器设备已基本配套，部分仪器还通过国家计量认证资质认定。中心队伍齐整，在职人员均为工程实验系列职称，多数是高级职称和硕士以上学历，年龄结构合理，是一支以中青年为主、热心测试服务、团结向上、积极为教学科研服务的团队。中心依托北京大学化学与分子工程学院雄厚的师资力量与技术力量,业务范围和服务能力稳步提升,是北京大学乃至周边单位重要的分析测试平台。

目前,中心主要业务范围包括无机物和有机物成分与结构分析、表面分析、热分析和物性测定分析等分析测试服务,坚持在现有基础上稳步扩大学科受益面。校内主要用户单位包括化学、物理学、环境科学、工学、生命科学以及医学等学院。中心的仪器均参加了北京大学校内分析测试基金开放服务,每年约完成1/3基金测试任务,基本满足校内教学和科研的测试需求;中心参加了北京地区协作共用网和首都科技条件平台开放实验室的开放工作,积极开展社会服务,为各兄弟院校、科研院所、冶金、医药卫生、材料和食品等部门和行业提供大量可靠的分析测试数据。

中心通过了国家计量认证,成为可以向社会相关单位提供公证数据的检测机构,为了达到公正、科学、可靠、准确的要求,多年来形成一整套行之有效的运行管理模式,以计量认证为契机,对人员培训,档案管理,功能分区等方面进行了严格的规范,确保中心有序高效运行;实验室开放管理、远程监控、在线预约等手段,大大降低管理成本,显著提高了工作效率和仪器使用率;注重新的测试技术与方法的研究,力求公正、科学、可靠、准确,分析测试和管理水平不断提高赢得了良好的声誉。

专栏:中国科学院理化技术研究所所级公共技术服务中心

中国科学院理化技术研究所所级公共技术服务中心成立于2010年,是根据《中国科学院技术支撑系统建设实施方案》中规定的相应所级中心建设标准,依据理化所"十二五"装备规划,在原有测试中心和低温计量站基础上成立的综合性所级技术支撑系统。中心宗旨：统筹资源，优化配置，充分利用，开放共享。同时，通过建设公共服务平台，加强研究所与其他部门的交流合作，提高整体科技创新能力。

中心拥有各种先进的分析测试设备26台，总价值约6200万元，仪器设备的配置主要针对材料的结构与性能分析和低温原器件检测，为材料研究、材料应用与器件研究提供各种先进的分析测试和评价手段。服务范围包括：表面形貌、微观结构和化学成分分析、光谱分析与光学性能表征、薄膜材料制备、光电－介电性能表征测试、有机物分子量和化学分析、低温物性和温度标定、计算材料学研究等。

中心拥有一支高水平的技术人员队伍，其中既有长期从事分析测试工作的研究员和高级工程师，又有刚毕业的博士和刚出站的博士后，知识结构和年龄结构合理，为中心内部大型公共仪器设备的管理、运行、维护做出了重要贡献。随着中心管理的深入，所有大型设备将逐渐向科研人员开放，由培训合格的科研人员直接进行仪器操作。

（三）服务于科技资源开放共享的人才队伍建设

实验技术人才作为大型仪器设备使用与管理工作主体，近年来越来越受到各高校和科研院所的重视，建立一支结构合理、人员稳定、专业化水平高、业务素质过硬的实验技术人才队伍，健全实验技术人才队伍的评价、考核、激励政策已成为各单位人才队伍建设的重点方向。

以浙江大学为例，从2010年开始，浙江大学通过一系列措施和制度，着力解决实验技术队伍结构老化、人员素质不高、稳定性差等问题，加强实验技术队伍建设。实施实验技术人员岗位竞聘、进一步优化实验技术人员队伍，在稳定实验技术队伍规模的基础上，进一步提出实验技术队伍发展规划，适当扩充实验技术队伍规模。实施实验技术系列单列的职称评聘制度，设立实验技术正高级职称，特别是按照年度40万元岗位津贴、公开招聘"求是特聘岗"，提高相关人员待遇，激励业务素质强、专业水平高的人员的工作积极性。通过设立实验技术研究项目和开展国内、国外专业培训提升实验技术和管理人员业务素养和管理水平。

以上海交通大学为例，2015年，上海交通大学出台《上海交通大学关于进一步加强实验技术队伍建设的实施意见》和《上海交通大学实验系列专业技术职务聘任实施办法》，通过科学设岗、完善晋升渠道、加大人才培养和加强年度考核，加强实验技术队伍建设。在晋升方面，增设正高岗位；在评聘考核方面，改变科研论文导向，重点考察实验技术能力和实验创新，同时实行分类发展，为不同类型实验人员制定适合其特点的晋升标准。

> **专栏：中科院生化与细胞所实验技术人才队伍建设情况**
>
> 中国科学院生物化学与细胞生物学研究所是中国生命科学领域的"旗舰"研究所，前身是中科院上海生物化学研究所与中科院上海细胞生物学研究所，先后取得了人工全合成结晶牛胰岛素、单性生殖和家鱼人工繁殖等具有重大国际影响的原创性成果，在国内外享有较高的科学和社会声望。
>
> 该所近年来大力推进科研仪器等科技条件资源开放共享、研发研制和技术服务等于一体的公共科技基础条件平台建设，目前已建成分子生物学技术平台、细胞分析技术平台、果蝇资源与技术平台、斑马鱼技术平台、细胞库/干细胞技术平台等7个专业技术支撑平台。研究所高度重视专业实验技术人才队伍建设，根据技术支撑平台工作的特点，客观评价各平台工作情况，合理进行定岗定编，目前拥有一支训练有素的专业技术支撑队伍，所有人员皆为研究所聘用的专职技术服务和管理人员，与所内的研究组没有关联。目前公共技术服务中

心各专业支撑平台拥有在职人数为76人，共25人通过职称晋升(29人申请，通过率高达86%)，其中初级职称晋升到中级职称有5人，中级职称晋升到副高级有6人。目前中心拥有技术人员正高级3人、副高级15人、中级30人、其他28人，中级及以上技术职称人员占总人数超过60%。研究所坚持"以人为本"进行科学管理，强调平台服务不仅注重"量"，更要注重"质"，突出技术服务的特征，以引导工作人员提升服务层次。

该所鼓励实验技术人员在为所内外提供服务的同时，积极探索"技术和方法"的自主创新，提升对新仪器、新功能、新方法的研究能力，参与有关标准的制定及质量管理活动，技术人员申请并完成科研装备研制、功能开发等项目情况作为对平台和个人年底考核、职称评定的重要指标。技术人员通过完成项目，提高了水平和能力，增加了作为技术专家的成就感，也增强了信心和作为研究所一员的归属感。

（四）建立科研仪器设备引导激励措施

为不断加强大型科研仪器设备的管理、提高大型科研仪器设备的使用效率、完善大型科研仪器设备开放共享机制，部分高校和科研院所一直以来不断地探索和实践，积极推动和促进优质科技资源开放共享制度创新，设立开放共享基金，并逐步形成了兼顾校内科技需求和面向社会开放的内部共享和外部共享的制度。开放共享基金的设立，规范大型科研仪器设备的管理与利用，调动了大型仪器设备的管理维护人员的积极性，为校内科研教师的使用提供方便，也提高了高校科研院所为社会提供科研服务的积极性。表3-8所示为部分高校实施的大型仪器开放制度。

表 3-8 部分高校实施大型仪器开放制度

单位名称	开放基金相关制度
清华大学	《清华大学实验室开放基金管理办法》
北京大学	《北京大学大型仪器设备开放测试基金管理办法》
华中师范大学	《华中师范大学大型仪器设备开放测试基金管理办法（试行）》
天津大学	《天津大学大型、贵重、精密仪器设备开放基金管理办法（试行）》
东南大学	《东南大学大型仪器设备分析测试基金管理办法》
北京化工大学	《北京化工大学"大型精密仪器公共服务体系"所属仪器设备使用基金管理办法》
重庆大学	《重庆大学大型仪器设备开放基金管理办法》
北京师范大学	《北京师范大学大型仪器设备开放基金管理办法》
西北农林科技大学	《西北农林科技大学大型仪器设备新功能开发项目管理办法》
浙江大学	《浙江大学大型仪器设备开放共享维修基金管理办法》
广西大学	《广西大学大型贵重仪器设备开放基金管理办法》
东南大学	《东南大学大型仪器设备经费管理办法》
南京理工大学	《南京理工大学贵重仪器设备开放基金使用管理办法》
山东大学	《山东大学仪器设备开放基金使用办法》
西北农林科技大学	《西北农林科技大学大型仪器设备分析测试补贴费使用与管理办法》
西安交通大学	《西安交通大学大型精密仪器设备运行补助基金实施细则》
南京大学	《南京大学大型贵重仪器设备开放测试、维修基金实施细则》
中南大学	《中南大学贵重仪器设备开放共享基金管理实施细则》

多所高校出台激励措施鼓励大型科研仪器与校内外机构共享。北京大学创立了仪器创新研发基金，鼓励科研人员通过市场和企业的需求申报项目，对项目完成有明确的市场化目标。北方工业大学将共享服务纳入教师的晋级和职称考评体系，以提高他们服务企业的积极性，扩大科

技资源向社会开放的广度。清华大学早在 1997 年就发布了实验室开放基金，并历经 2005 年、2010 年、2012 年 3 次修改，不断适应发展的要求，有效地保证了科研人员实验测试需求和提高了大型仪器的使用效率。清华大学实验室开放基金整合了全校 10 万元以上大型仪器，面向全校在职中级以上科研人员实行开放，按照学校资助 30% 的比例鼓励科研人员开展相关研究。为鼓励实验室（机组）大型仪器开放，学校允许实验室（机组）从科研人员自筹部分提取 30% 作为酬金，其余 70% 用于开放服务相关业务。

第四章
我国科技基础条件资源发展挑战与展望

十八大以来,我国经济社会发展步入新常态,转变政府职能和推进科技体制改革不断取得新进展,科技工作正在进入一个全新的历史时期。国家科技基础条件资源发展,面临新需求、新挑战,同时也进入了新的发展机遇期。

一、面临的挑战

（一）科技突破和产业革命迫切需要高水平科技基础条件的支撑

当前，新一轮科技和产业革命正在孕育兴起，科技创新正成为重塑世界格局、创造人类未来的主导力量。科技创新活动对科技基础条件资源的依赖程度前所未有。科技基础条件的发展已逐渐成为科技创新活动重要组成部分，并成为科技创新能力的重要标志。在一些科学前沿和先进技术领域，科技基础条件成为革命性突破的瓶颈，决定了这些领域的发展。当今世界各发达国家将科技基础条件建设作为提升科技创新能力的重要载体，以及吸引和集聚世界一流人才的重要手段，不断加强对科技基础条件保障的布局与支持力度。因此，当前建设高水平科技基础条件成为我国建设创新型国家的紧迫任务。

（二）新时期科技创新发展要求加快推进科技基础条件资源的高效利用和合理配置

新世纪以来，随着我国科研投入的快速增长，各部门和地方加大支持科技基础条件建设，推动各类科技基础条件资源数量大幅增长，科技基础条件得到极大改善。但总体上发展还不平衡，条块分割、重复购置、闲置浪费等情况逐渐显现，重建设、轻管理和服务的问题仍然存在，科技基础条件总体供给不足与局部过剩、利用效率不高的现象共存，高端科研仪器高度依赖进口的局面没有根本改变，科技基础条件资源建设面临诸多亟待解决的问题。在科技基础条件资源配置过程中，缺少顶层设计和统筹布局，围绕国家重大需求和科技优先领域重点投入还呈现随机性和碎片化；较少引入社会资本，市场配资资源的主体作用欠缺，没有发挥国家科技财政经费投入的撬动作用；对科研仪器设备自主研发等科技基础条件自我能力提升活动支持还有待加强。

（三）转变政府职能要求科技基础条件资源管理精细化

科技基础条件资源种类丰富、涉及面广，与诸多学科交叉关联，在管理上具有复杂性。因此，为了提供与创新型国家相适应的科技基础条件，需要把握资源特点，分级分类管理。一是政策法规还不够完善，缺少资源分类管理的标准和依据，部分政策制度之间缺少协调；二是不同管理层级间的权利和责任不清晰，包括国家与地方、部门与部门、部门与所辖机构之间的关系，各主体间还有越位和缺位现象；三是专业化人才队伍不健全，专业人才匮乏，绩效评价机制缺乏针对性，人才培养机制尚不完善。

二、发展展望

习近平总书记在全国科技创新大会上指出，要加强科技供给，服务经济社会发展主战场。《国家创新驱动发展战略纲要》提出要建立国家重大科研基础设施和科技基础条件平台开放共享制度，推动科技资源向各类创新主体开放。新的发展形势下，提升科研条件保障能力，强化科技资源共享服务，成为增强我国创新源头供给、实现科研管理向创新服务转变的有效抓手和重要内容。加快实施创新驱动发展战略，切实提高自主创新能力，必须夯实自主创新的物质技术基础，加强国家科技基础条件资源建设，为提升科技创新能力、建设创新型国家提供强大的支撑和保障。

（一）加强科技基础条件资源建设，提升国家科技创新能力

推进重大科研基础设施建设与完善。根据国家重大需求和科技发展

趋势，在重点科学领域，加大重大科技基础设施建设布局，瞄准科技前沿研究和国家重大战略需求，以提升原始创新能力和支撑重大科技突破为目标，在能源、生命、粒子物理和核物理、空间和天文、海洋、地球系统和环境等领域，布局建设一批重大科技基础设施。结合国际大科学计划，积极牵头组织国际大科学工程，构建一批具有较大国际影响力的大科学中心。支持超级计算中心的发展，深入推进超级计算在专业领域的应用。从预研、新建、推进和提升四个层面逐步完善重大科技基础设施体系，打造若干具有国际影响力的重大科技基础设施集群。

加强重大科研仪器设备自主研发和应用示范。以关键核心技术和部件自主研发为突破口，聚焦高端通用和专业重大科学仪器设备研发、工程化和产业化，加强科学仪器设备基础材料、加工工艺、封装工艺等的研发，加快研制一批核心关键部件，显著降低核心关键部件对外依存度，提高高端通用科学仪器的产品质量和可靠性，提升科学仪器行业整体创新水平与自我装备能力。强化国家质量技术基础研究，支持计量、标准、检验检测、认证认可等技术研发，提升我国国际互认计量测量能力。积极推进仪器设施面向社会的开放共享，特别是引导高校、院所的仪器设施向企业以及全社会的开放服务。

加强实验动物品种培育、模型创制及相关设备的研发，全面推进实验动物标准化和质量控制体系建设，为人类健康和公共安全提供有效保障。面向科研亟需扶持一批基因库、病毒库、细菌库、标本库、国家实验动物种子中心等国家科技资源库馆。强化科研用试剂、实验动物等实验材料的自主研制和科学管理。扩充国家实验动物种子中心建设范围，加强实验动物品种培育、模型创制及相关设备的研发，全面推进实验动物标准化和质量控制体系建设。加强国产科研用试剂研发、应用与示范，研发一批填补国际空白、具有自主知识产权的原创性科研用试剂。强化国家质量技术基础研究，支持计量、标准、检验检测、认证认可等技术研发，提升我国国际互认计量测量能力。

加强科学数据的规范与管理，制定统一的科学数据生产、管理、共享服务共性标准，加强科学数据生产、发布、存储、使用环节的标准研制和规范化管理，建立健全各类科学数据汇交管理机制，依托统一的国家科技管理信息系统和信息开放平台。继续加强科学数据采集、加工、分析挖掘技术方法研究，提升科学数据资源质量与利用水平。完善科学数据中心的布局和顶层设计加快资源集聚，分层分级建立科学数据中心，加强对科学数据信息的采集加工、挖掘利用。

完善野外科学观测研究体系。继续加强生态系统、材料腐蚀、地球物理、大气本底与特殊环境等领域国家野外科学观测研究站的运行管理，改善观测研究设施环境，提高科学观测研究水平。围绕生态保障、现代农业、气候变化和灾害防治等战略需求，做好新一批野外科学观测研究站的布局建设。推动野外科学观测研究站的多能化、标准化、规范化和网络化建设运行，促进联网观测和协同创新，强化观测研究数据的开放共享，加强野外科学观测、试验、研究和示范，支撑生态文明建设和绿色发展。

开展重大科学考察与调查。面向重要科学问题以及国家权益维护和重大战略需求，组织开展跨学科、跨领域、跨区域的重大科学考察与调查，获得一批基础性、公益性、系统性、权威性的科技数据以及实物资源。在我国重要地理区、生态环境典型区、国际经济合作走廊以及极地、大洋等重点、特殊和空白地区，开展科学考察与调查，摸清自然本底和动态变化状况，为原始性创新、重大工程建设和国家决策提供支撑。

（二）强化科技基础条件资源共享服务，支撑重大科技创新和经济社会发展

深入推进科研仪器设备的开放共享。贯彻落实《国务院关于国家重大科研基础设施和大型科研仪器向社会开放的意见》，建设和完善科研设施与仪器国家网络管理平台，畅通与各部门、管理单位在线服务平台

的对接，公开发布科研设施与仪器开放服务信息，形成跨部门、跨领域、多层次的网络服务体系。分类推进大型科学装置、单台（套）大型科学仪器设备的开放共享。建立科研设施与仪器开放评价体系和奖惩办法，开展科研设施与仪器对外服务的绩效评价考核和后补助。鼓励地方利用创新券等政策手段，撬动科研仪器设施服务中小微企业。加快建立中央级高校和科研院所开放服务考核评价和后补助机制，对于开放共享工作成效突出的单位进行支持。鼓励国家财政支持购置的通用类科研仪器设备加强集约式管理，着力推进高校院所特别是国家重点实验室、工程中心等科研基地中的大型科研仪器设备面向全社会的开放共享。在开放服务收费机制、实验技术人员队伍建设、进口免税科研仪器开放服务以及高端仪器设施的稳定性支持方面，积极探索出台扶持性政策，最大程度释放科研仪器设施的开放服务潜能。

加强科学数据的规范与管理，推进科学数据信息资源的开放汇集和共享服务。推进重大科研基础设施、国家科研基地以及科技计划形成科学数据的分级分类共享，引导科学数据中心等机构形成专题数据产品，面向重大科技创新以及社会民生问题提供科学数据支撑。健全科学数据开放共享的制度体系，积极推动国家层面出台科学数据管理的相关政策文件，确定各方在资源权属、安全保密、知识产权保护等方面的责任和义务，推动在项目资助、成果评价和人员激励等方面形成有助于科学数据开放共享的机制，引导部门、地方以及法人单位建立健全科学数据建设共享的规章制度，保障公共财政投入形成科学数据资源的开放共享。

做好生物种质和实验材料资源的收集保藏和开放共享，提升资源保障能力和服务水平，组织面向重大创新的专题服务。加强实验生物资源库馆建设，系统规划提升面向国家重大创新任务的支撑保障能力。做好全国范围的种质资源普查和收集工作。加强科学实验用微生物菌种、人类遗传资源、植物种质、动物种质等方面的收集、整理、保藏和利用，扩大资源保藏数量，提高资源质量，提升资源共享利用水平；大幅提升实验动物、科研试剂等资源的支撑保障能力。加快推进《实验动物管理条例》修订工作，完善配套政策和规章制度。加强国产科研用试剂技术标准建设，完善质量体系，不断满足我国科学技术研究和高端检测领域的需求。充分发挥市场机制和运用信息化手段，探索建立优质、高效、便捷以及专业化、社会化的实验材料供应服务体系，为科研人员提供优质产品和多层次服务。

推动地方科技资源共享。支持地方整合区域科技资源，建设综合性科技资源共享服务平台，提供条件支撑和公共科技服务。推进中国科技资源共享网与地方平台门户系统的互联互通，加强国家和地方共享服务平台之间的对接，联合组织面向创新创业的专题服务。围绕京津冀一体化、一带一路等重大战略，组织相关地方交流协作，推动跨地域的科技资源开放共享。加强地方创新券组织实施工作的经验交流，推动创新券制度的全国推广。在工作基础较成熟的地区，完善区域协同的创新券使用和发放机制，鼓励跨地区购买科技资源公共服务。探索国家和地方联合实施创新券的有效机制，研究通过创新券推进各类科技资源开放共享的具体措施。鼓励地方扶持一批从事科技资源共享服务的中介机构，进一步营造科技资源开放共享的社会氛围。

（三）深化科技基础条件资源分类分级管理，全面服务创新创业

科技资源总体数量庞大，涵盖面广，涉及领域繁杂。有效开展科技资源管理必须坚持分级分类管理的原则。一方面是明晰国家、部门和地方在科技资源管理中的职责，强化资源拥有单位的法人主体责任。另一方面是针对科研仪器设施、科学数据和信息、生物种质和实验材料等科技资源的不同属性，明确管理目标和方式，制定有针对性的管理政策和制度，采取不同的开放方式、评价方法和支持引导措施。

国家层面要注重宏观管理和统筹协调，要研究出台指导全国科技资源管理的政策措施，实现国家和地方科技基础条件的分层分类管理，形

成国家、部门和地方协同发展的科技基础条件体系架构，加强对部门、地方以及法人单位的评价考核和引导支持；同时，要抓大放小，着力做好中央财政投入形成的重点科技资源的管理，如专用、高端的大型科研仪器设施等。部门和地方应依据国家政策，在各自的职责范围内，做好所属科技资源的管理工作，同时注重结合市场化手段，积极推进科技资源面向企业创新和大众创业开展对接和服务。按照国家科技创新战略总体布局，充分发挥国家、部门和地方各自优势，体现行业和区域需求，建立国家和部门、地方科技基础条件资源管理的联动实施机制，国家加强对部门和地方科技创新资源开放共享的指导和支持，推动部门和地方组织开展符合行业特点和地方特色的科技资源共享服务与条件保障能力建设，促进资源开放共享和信息的互联互通，实现部门和地方与国家的协同发展。

高等学校、科研院所、国有企业等是科技资源的直接管理和拥有者，应承担起法人主体责任，认真落实国家、部门和地方的相关政策和规定，并在具体实践中进行创新探索，推进高校、科研院所提高科技条件资源开放共享水平。科技中介机构可以充分运用市场机制，在科技资源共享、服务环节发挥重要作用。

（四）研究完善政策制度和评价引导机制，优化科技基础条件资源管理

完善科技资源管理共享政策制度。研究制订科技资源开放共享条例，强化国家财政资助形成科技资源开放共享的义务。制定国家科学数据共享管理条例，加快立法进程，以法律法规的形式保证科学家及公众对科学数据库使用的合法权利。积极研究推进生物种质和实验材料等其他类型科技资源共享的立法工作。

建立与国家条件保障能力建设定位与目标相适应的治理结构，健全科技基础条件与科技共享服务平台建设运行的绩效考核、共享监管机制，

形成科学的组织管理模式和有效的运行机制。加强对国家科技基础条件和科技资源共享服务平台的全过程管理，形成决策、监督、评价考核和动态调整与退出机制，建立分类评价与考核的标准及体系。加强科技基础条件和科技资源共享服务平台的监督管理，健全用户评价监督机制，完善服务登记、跟踪和反馈制度，不断提高运行效率和社会经济效益。

评估评价是科技资源管理的重要手段。要加强对科技资源支撑能力的评估评价，针对不同类型的科技资源特点，制定差异化的评价指标，并采取相应的评价考核方法；研究发布科技资源指数报告，从国际国内、学科领域以及法人单位等不同维度进行分析比较，综合评估科技资源管理与利用情况；充分发挥社会评价监督的作用，加强科技资源共享和利用信息的公开；将评价评估与资源配置工作结合，将评价结果作为资源配置和后续支持的重要参考依据。

进一步完善和丰富科技资源管理的支持方式，积极探索建立普惠性的支持方式，推动全社会科技资源"动起来，用起来"，提高合理配置资源的水平和能力，深入开展大型科研仪器申购的联合评议，注重资源建设的边际效应，提升财政投入效率。